サピエンス前史

脊椎動物の進化から人類に至る5億年の物語

土屋 健　著
木村由莉　監修

ブルーバックス

装幀／五十嵐 徹（芦澤泰偉事務所）
カバーイラスト／橋爪義弘
本文・目次デザイン／天野広和（ダイアートプランニング）

はじめに

長い長い進化の中で、私たちの祖先は、何を得て、何を失い、何と別れてきたのか？

地球の歴史は、約46億年と言われています。

そして、遅くとも約39億5000万年前には、生命が存在していたようです。

その後、生命は長い時間をかけて、ゆっくりと進化を重ねていきます。約5億3900万年前には古生代が始まり、アノマロカリスをはじめとする多くの動物が海洋を泳ぎ回るようになりました。そのメンバーの中に、〝最古の脊椎動物〟――サカナがいました。

遅くとも約3億6000万年前には、四肢をもつ脊椎動物が上陸に成功し、陸上でも本格的な進化の物語が紡がれるようになります。

約2億5200万年前には、中生代が始まります。中生代は、いわゆる「恐竜時代」として知られる時代ですが、実は、私たち哺乳類が登場した時代でもあります。恐竜たちとともに、哺乳類は多様化し、命を繋《つな》いできました。

約6600万年前には、新生代が始まります。さまざまな哺乳類が台頭し、「哺乳類王国」が各地に確立しました。

約700万年前には、〝最初の人類〟が登場しました。その後、多様な人類が現れて歴史を紡ぎ、姿を消していきました。遅くとも約31万5000年前には、私たち現生人類――ホモ・サピエンスが登場していました。ホモ・サピエンスは、かつていくつもの種がいた人類の、唯一の生き残りです。

……このように、ざっくりと生命史を解説すると、「人類」という言葉が出現するのは、〝ごく最近〟です。ホモ・サピエンスに限れば、〝ついさっき〟のようなもの。

しかし、ホモ・サピエンスは、突如として誕生したわけではありません。

初期生命から現在へと連綿と続く進化の果てに、ホモ・サピエンスは生まれました。

ホモ・サピエンス――私たちのからだをつくるさまざまな特徴は、進化の過程で獲得されたものです。一朝一夕につくりだされたものではなく、すべてを同時に得たのでもありません。ある特徴は古生代に獲得され、別の特徴は中生代に獲得され、という具合に、少しずつ獲得し、そして、それを〝発展〟させてきました。

いっぽうで、祖先がもっていた特徴には失われたものもあります。例えば、「尻尾《しっぽ》」。私たちの遠い祖先は尻尾をもっていましたが、私たち――ホモ・サピエンスには尻尾がありません。

生命史を紡ぐ場合、視点は大局的な俯瞰《ふかん》となりがちです。ある生物種が生まれ、別の生物種に進化し、そして、滅ぶ。それは、生命の栄枯盛衰のダイナミックな物語ですが、特定の種に至る進化を追いかけるとき、大局的な俯瞰の視点は、ときに〝わかりにくさのもと〟になります。

そこで、この本では、私たち――ホモ・サピエンスという一つの種に絞り、その進化の道程を可能な限り追いかけていきます。

いわゆるサカナから、四足を得て上陸し、地上における活動を本格化させた黎明期《れいめいき》。

恐竜たちの足元で、多様化を進め、哺乳類となった雌伏期《しふくき》。

恐竜たちの絶滅後、哺乳類の多くの仲間とともに時代を構築してきた躍進期。

そして、人類に至る期間。

この歴史を紡ぐうえで、【70の道標《みちしるべ》】に注目していきます。


加えて本書では、〝別れた動物〟にも注目しました。

たとえば、筆者の家では、ラブラドール・レトリバーと、シェットランド・シープドッグがともに暮らしています。この犬たちは、私たちと同じ哺乳類です。

哺乳類であるということは、私たちと祖先は同じ。しかし、どこかの段階で、私たちと進化の道筋を違えたことになります。

動物園に行けば、サルに出会うことができます。地域によっては、動物園に行かずとも、近隣のサルに悩まされている、という方もいるでしょう。サルは、私たちと同じ霊長類です。祖先は同じ。でも、どこかで、私たちとは別の道を歩むことになったはず。

また、「恐竜が好き!」という方もいるでしょう。恐竜類と私たちにも、共通の祖先がいたはずです。やはり、どこかで道を違えたはずです。

本書では、〝ヒトに至る系譜〟に注目しながら、こうした動物たちと、どのタイミングで袂《たもと》を分かってきたのかも綴りました。

あなたの知るアノ動物が、あなたの好きなソノ古生物が、意外と近縁かもしれませんし、意外と遠縁かもしれません。私たちにとって〝当たり前の特徴〟が、アノ動物にはないのかもしれません。あるいは、〝意外な特徴〟を、ソノ古生物と〝共有〟しているかもしれません。【70の道標】とともに、「進化の分岐点」も堪能されてください。


この本を手に取ってくださったあなたに感謝を。

長い長い進化の中で、私たちは、何を得て、何を失い、何と別れてきたのか?

私たちの中に眠る進化の物語をお楽しみください。

2024年1月　サイエンスライター　土屋　健

サピエンス前史　もくじ

雌伏の章 57

躍進の章 115

人類の章 173

序章

神が天地を創造したとき、神ははじめに「光あれよ」と言われ、光ができたという。

これは、『旧約聖書』の書き出しだ。

科学の視点で宇宙の歴史をみれば、私たちが暮らす地球よりも、太陽の形成時期のほうが早い。つまり、地球が形成されたとき、地球はすでに太陽光によって照らされていた。

光は、世界を照らす。

そして、照らされた世界を「見る」ための器官といえば——「眼」である。

知られている限り**最も古い脊椎動物が登場したとき、その動物はすでに「眼」をもっていた。**

その能力についてはよくわかっていないけれども、光を感知することはできたはずである。

知られている限り最も古い脊椎動物は、「古生代カンブリア紀」と呼ばれる時代の半ば、今から約5億1500万年前に出現した。

その脊椎動物は、2種類。名前を「ミロクンミンギア（*Myllokunmingia*）」と「ハイコウイクチス（*Haikouichtys*）」という。この2種類は、俗に「無顎《むがく》類《るい》」と呼ばれるグループに分類される。文字通り「**顎《あご》のないサカナ**」たちである。ともに似たようなサイズで、似たような姿——全長2〜3センチメートルほどと小さなサイズで、「サカナ」とはいっても、**胸鰭《むなびれ》や尾鰭など、水中を効率よく動き回るための器官を欠き、また鱗《うろこ》もなかった。**

歯もない。食事の際は、口の中に入った水から、有機物を濾《こ》しとるだけだ。獲物を噛《か》み砕《くだ》くような、そんな動作とは無縁である。

一見して〝弱々しい〟。

しかし、眼はあった。ミロクンミンギアにも、ハイコウイクチスにも、その化石に二つの眼が確認されている。

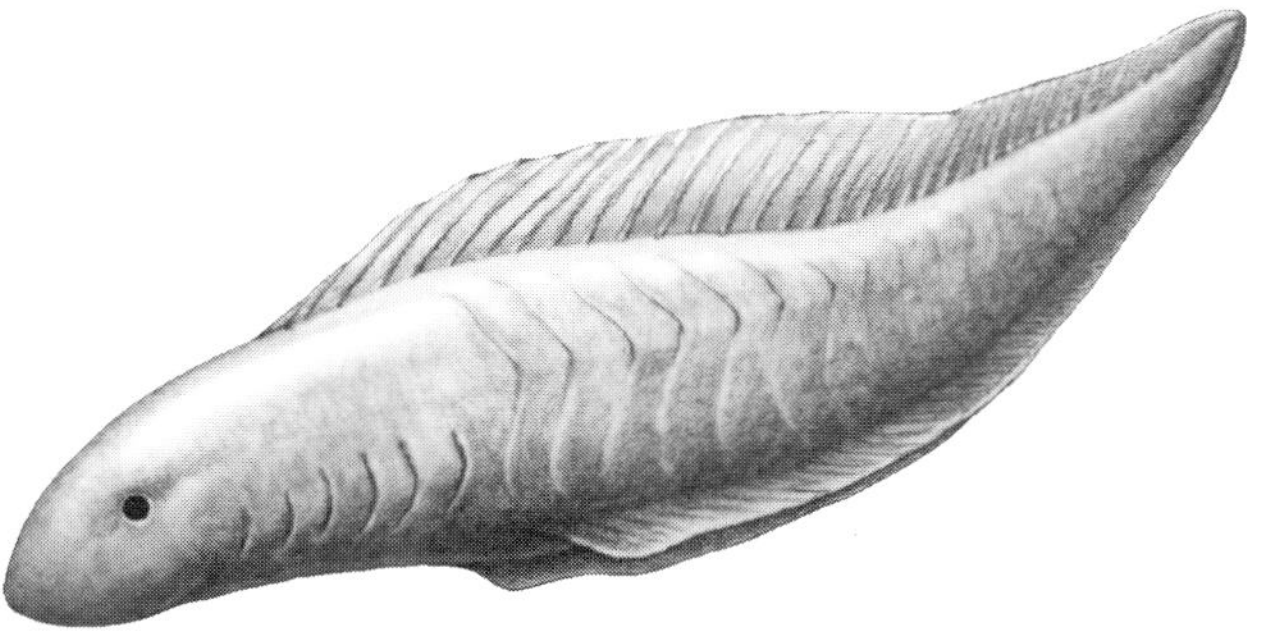

ミロクンミンギア
無顎類。中国に分布するカンブリア紀の地層から化石が発見された。〝物語〟のはじまりは、このサカナから……。
イラスト：柳澤秀紀

この2種類よりも1000万年ほどのちに現れた「メタスプリッギナ（*Metaspriggina*）」も似たようなものだ。胸鰭や尾鰭などの鰭を欠き、鱗も、顎も歯もない。しかし二つの大きな眼があった。

脊椎動物の歴史が始まった時、その最初から「眼」があった。「世界を視る」ということは、原初からつきあいのある〝特徴〟なのである。

カンブリア紀の無顎類以降、脊椎動物はさまざまな特徴を獲得し、進化を重ねていく。初期のサカナである〝彼ら〟と私たちヒトを比較すると、進化の過程で獲得されたさまざまな特徴があることがわかる。

ヒトには、顎と歯がある。これによって、ある程度は、硬い食物であっても、食べることができる。

ヒトには、四肢があり、その先には指がある。四肢と指を効率的に動かすことで、かなり細かい動作をすることが可能だ。ものを摑《つか》むこともできる。この本の原稿を執筆している今まさに、筆者の前腕はわずかに動き、指はキーボードを忙しくたたき、文を綴っている。

ヒトは、立ち上がれば、頭部から足の踵《かかと》までほぼ一直線。〝直立した姿勢〟をとることができる。この姿勢を十全に生かし、2本の足で陸上を効率よく歩くことができる。

ヒトの体内をみれば、二つの肺があり、空気中における呼吸を可能としている。また、大きな脳と高い知能をもつ。

――など、いずれも、カンブリア紀にいた唯一の脊椎動物である無顎類にはない特徴である。

私たちは、「ホモ・サピエンス（*Homo sapiens*）」という一つの種だ。

ホモ・サピエンスは、現在の地球に生き残っている唯一の「人類」である。

ちょっと進化の流れを遡《さかのぼ》ってみよう。

人類は、「霊長類」という、より大きなグループの〝一員〟である。霊長類には他に、いわゆる「サル」と呼ばれる動物たちも含まれている。

霊長類は、「有胎盤類」の〝一員〟である。有胎盤類は文字通り「胎盤」のある動物たちで構成され、「真獣類」という言葉とほぼ同義だ。有胎盤類には、イヌやネコの属する「食肉類」をはじめ、ネズミなどが属する「齧歯類《げっしるい》」、鯨などが属する「鯨類《げいるい》」なども含まれる。

有胎盤類は、カンガルーなどが属する「有袋類《ゆうたいるい》（後獣類）」、カモノハシが属する「単孔類《たんこうるい》」とともに、「哺乳類」をつくる。現生の哺乳類は、この3グループだけから構成されているけれども、過去においては、この3グループ以外にも多くの哺乳類グループが存在した。

哺乳類は、より大きな「単弓類《たんきゅうるい》」というグループの〝一員〟であり、そして、唯一の生き残りでもある。こちらも、過去においては、他にも多くの単弓類グループが存在した。

単弓類は、両生類、爬虫類などとともに「四足動物」をつくる。文字通り、「4本の足（脚）」をもつ動物である。そして四足動物と「サカナ」（いわゆる「魚類」）で、「脊椎動物」をつくる。こちらは、簡単にいえば、〝背骨をもつ動物〟だ。

ミロクンミンギア、ハイコウイクチス、メタスプリッギナが人類の〝直接の祖先〟である可能性は高くない。しかし、おそらく、きっと、似たような姿の「サカナ」を始祖として、長い進化の果てに人類が誕生した。

四肢を得て、サカナと袂《たもと》を分かち、四足動物となった。両生類や爬虫類と分かれて哺乳類となり、母の胎内で子を育てて出産する有胎盤類となった。そして、有胎盤類の他の仲間たちと分かれて霊長類が生まれ、二足で歩く人類となった。多くの人類グループが生まれた中で、ホモ・サピエンスだけが今日に至っている。

長い進化の道程で、ホモ・サピエンスは多くの動物たちと分かれ、特定の形質を獲得し、あるいは、失っていった。

あなたを、あなたの中に眠る、壮大な進化の旅に招待しよう。

この旅では、私たちヒト——ホモ・サピエンスに至るまで、祖先がたどってきた物語を紐解いていく。**私たちのもつ【70の特徴】に注目し、道標《みちしるべ》として、物語を綴る。カンブリア紀のサカナがすでに備えていた「眼」は、最初の道標である【第1の特徴】だ。**残る69個の特徴が、物語の中でどのような意味をもち、旅にいかなる影響を与えたのかをみていこう。

長い旅路の中で、ホモ・サピエンスの祖先たちは、さまざまな動物たちと袂を分かつことになる。異なる進化の道を歩むことになった動物たちとの分岐点も、この物語の重要な要素となるだろう。ホモ・サピエンスと他の動物たちとの共通点、相違点に注目してほしい。あなたの家で愛されているイヌやネコ、図鑑や博物館で存在感を放つ恐竜、姿を消したさまざまな哺乳類たちは、いつ、どのようなタイミングで、私たちと異なる道を歩むようになったのだろうか？

この物語は、過去から現在に至る進化を辿る旅の物語であると同時に、私たち自身への理解を深める旅の物語となるだろう。

次なる道標は、古生代シルル紀の古生物に確認できる【第2の特徴】だ。

黎明の章

※大陸が集まる時代

脊椎動物の歴史が始まった時、世界は海だけだった。

否、陸地がなかったわけではない。南極を中心に北半球の中緯度までつながった巨大な大陸があったし、ほかにも中緯度には中規模、小規模の大陸がいくつかあった。

しかしすべての陸地は、基本的には不毛だった。植物はほとんどなく、剝《む》き出しの荒野と山地が広がっていた。

時代が進むと、しだいに陸地に緑が増え始める。

最初は水辺、そして、内陸へと、植物が展開していった。

大陸は動き続けている。

地球上のすべての大陸は、「プレート」と呼ばれる巨大な板の上に〝乗って〟動いている。プレートは10枚以上存在し、ある場所では互いにすれ違い、ある場所では衝突し、ある場所では地球内部に潜り込み、ある場所では新たなプレートが生み出されていく。

顎も歯もない、胸鰭や尾鰭をもたないサカナから始まった〝人類に連なる物語〟。その初期において、プレートに乗った諸大陸は集合する傾向にあった。
緑に染まり始めた陸地が集合し、数億年の歳月をかけて巨大な超大陸へと成長していく。
その途上にあった古生代シルル紀の初頭。約4億3900万年前。
物語は、次の一歩を踏み出した。

※歯と顎、そして、肺と指の獲得

サカナは、【第2の特徴】として「歯」を獲得した。

中国南西部、貴州省。この地に分布する約4億3900万年前のシルル紀初頭の地層から、大きさわずか2・5ミリメートルほどのドーム状のパーツに、細かな突起が2列に並んだ化石が多数発見されている。

この化石を2022年に報告した曲靖師範学院（中国）のプラメン・S・アンドレーエフたちの分析によると、このパーツは軟骨魚類の歯とその基部であるという。歯と基部は一体化しているため、この歯には「抜け落ちる」ということがなかったらしい。「キアノダス（*Qianodus*）」という学名があたえられた。

軟骨魚類とは、サメの仲間たちで構成されるグループであり、私たちヒト――〝ヒトに連なる系譜〟とは直接的にはつながらない分類群である。

しかし、ともかくも、シルル紀初頭の時点で、脊椎動物に「歯をもつ」種が出現していたことをキアノダスは示している。

シルル紀には、**「顎」も獲得している。【第3の特徴】だ。**

歯と顎は、脊椎動物が初めて手に入れた「武器」だ。

この特徴を獲得したことにより、脊椎動物は初めて積極的に「他者を攻撃する」ことが可能となった。攻撃相手は、当時、すでに大繁栄していた節足動物だったのかもしれないし、あるいは、同種だったのかもしれない。

いずれにしろ、この獲得は、物語を進める大きなきっかけとなる。

歯と顎という武器を得たサカナは、海洋生態

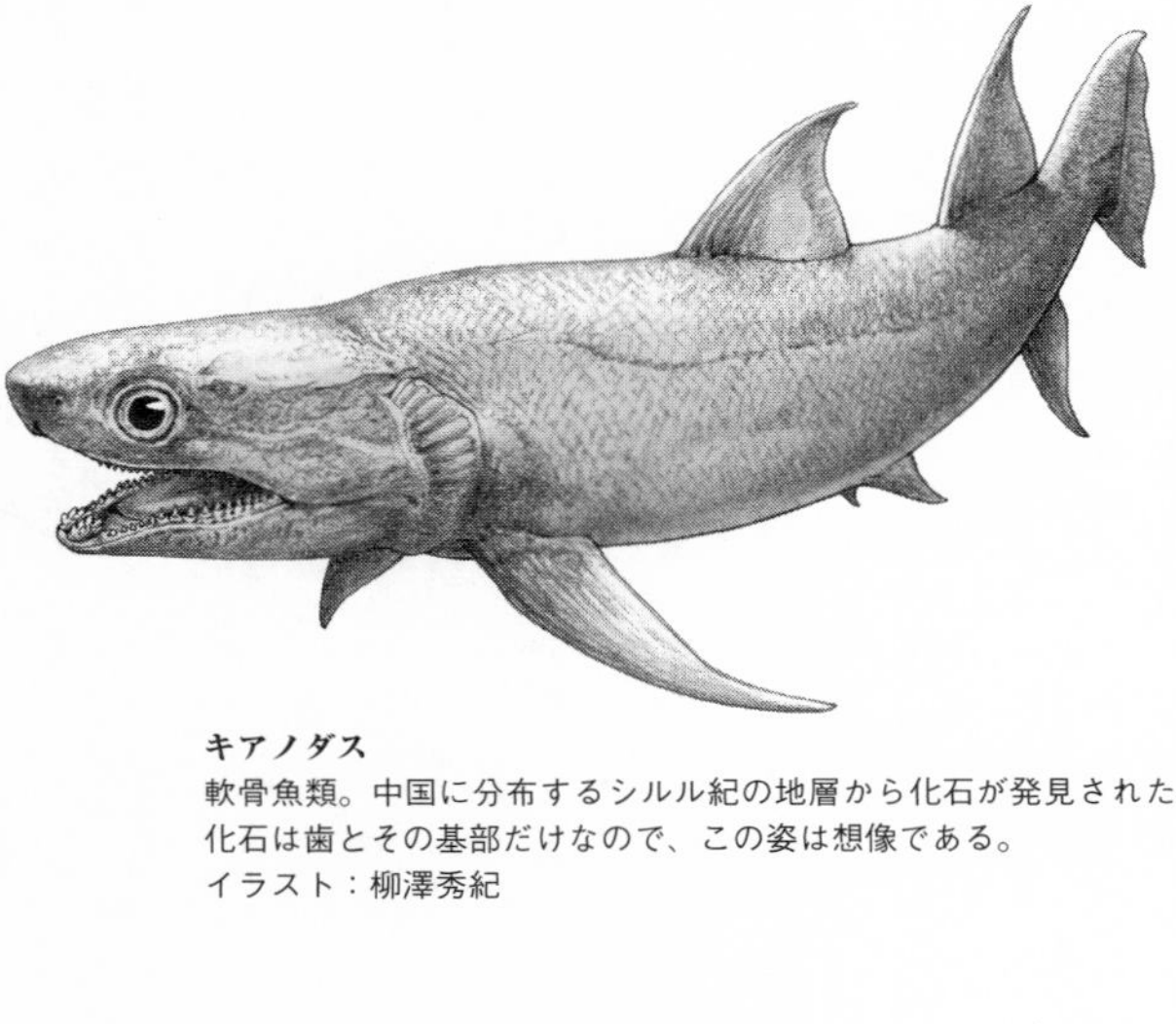

キアノダス
軟骨魚類。中国に分布するシルル紀の地層から化石が発見された。
化石は歯とその基部だけなので、この姿は想像である。
イラスト：柳澤秀紀

系で程なく頭角を現すようになり、シルル紀のうちに、メートル級の大型種も登場した（自然界では、基本的に「大きさ」は「強さ」だ）。

多様化し、種数も増え、シルル紀の次の時代であるデボン紀（約4億1900万～約3億5900万年前）になると、肉質の鰭をもつサカナ――「肉鰭類《にくきるい》」が台頭する。肉鰭類の進化はデボン紀の間に急速に進行し、デボン紀末期には肉鰭類の**鰭の中に腕の骨などを獲得した種類が現れた。【第4の特徴】である。そうした肉鰭類の中には、「首の骨」や「腰の骨」を獲得した種もいた。それぞれ【第5の特徴】、【第6の特徴】といってよいだろう。**進化は慌ただしく進んでいく。

そして、遅くともデボン紀末期には、**【第7の特徴】である「脚（足）」を獲得する**に至る。

「四足動物」の登場だ。

四足動物とは、文字通り、「4本の足」をもつ分類群だ。〝学校の教科書的な知識〟でいえば、サカナから進化した動物は「両生類」とされてきた。しかし近年、多くの化石の発見と、知識の更新《アップデート》によって、そうした動物たちは「両生類」としてまとめるには原始的すぎる、といった指摘が多くなってきた。……多くなってきたのだが、「〇〇類」とまとめる用語がない。そこで、一般書としては「4本の足をもつ動物」という大きな分類群として、「四足動物」としか書きようがない状況にある。もちろん、私たちヒトも四足動物である。これは、かなり大きなくくり方なのだ。

なお、この「四足動物」という用語は、英語の「Tetrapoda」の和訳の一つにすぎない。学界においても、統一した表記が定まっておらず、「四足動物類」「四肢動物」「四肢動物類」「四足類」などと和訳されている。ちなみに2023年に丸善出版から刊行された、日本古生物学会編集の『古生物学の百科事典』では、「四肢動物」が採用されている。本書では、「四足動物」を採用するも、用語の統一に関しては、今後の推移を見守っていきたいところである。

さて、最初期の四足動物である。その一つが、「アカントステガ（*Acanthostega*）」である。化石は、グリーンランドから発見された。全長約60センチメートル。細長いからだで、平たい頭部、やや長い尾をもっていた。

アカントステガには四肢がある。

そして、その**手には細い「指」が並んでいた。【第8の特徴】**だ。ちなみに、後ろ足の指についてはよくわかっていない。

少し脇道にそれるけれども、この指の本数について触れておきたい。アカントステガの指は、「8本」あった。これは、脊椎動物の歴史において、知られている限りの最多本数だ。脊椎動物は進化を重ねることで、この指の本数を減らしていくことになる。ヒトの「5本指」は、その意味では、多い。進化を重ねた脊椎動物には、2本指のものも、1本指のものもいる。前者はティラノサウルスの仲間、後者はウマの仲間に見ることができる。

さて、アカントステガである。この四足動物は、生命史上、最も早い時期に脚と指をもった。ただし、その脚の関節は貧弱で、重力に抗してからだを支えることはできなかったとみられている。つまり、水中生活者だった可能性が高い。

アカントステガが示唆するのは、「最初期の四肢の利用法」だ。現在では、四足動物の四肢は、もっぱら陸上での〝移動器官〟として用いられる。しかし〝最初期の四肢〟は、水中を移動する際に使われていた可能性が高いのだ。彼らは川で暮らしていた。川底を移動する際に、邪魔な落ち葉などをかき分けることに使っていたとみられている。

アカントステガ
四足動物。グリーンランドに分布するデボン紀の地層から化石が発見された。イラスト：橋爪義弘

ただし、「最初期の四肢の利用法」が陸上での〝移動器官〟ではなかったとしても、その獲得はサカナとの決別を意味していた。やがて、四肢を発達させた四足動物が登場し、デボン紀が終わるよりも前に、脊椎動物は上陸を果たした。

脊椎動物が陸上生活を送る際に、ある意味で四肢以上に重要となる器官が「肺」である。肺がなくては、空気中で呼吸をすることはできない。多くのサカナの呼吸器官である「エラ」は水中呼吸用だ。

オックスフォード大学自然史博物館（イギリス）のエルサ・パンチローリが著した『哺乳類前史』（邦訳版は2022年、原著は2021年刊行）では、アカントステガが肺とエラの両方をもっていた可能性が言及されている。曰く、「溶存酸素の少ない浅瀬で生き抜くのに役立っただろう」とのことである。

最近になって、実は脊椎動物は、その歴史が始まったときから肺をもっていたのではないか、という研究が発表された。

リオデジャネイロ州立大学（ブラジル）のカミラ・クペロたちは、肺をもつサカナたちと、イモリの仲間（有尾類）などの陸棲《りくせい》の四足動物の肺を比較した研究結果を2022年に発表している。対象となったサカナは、現在の地球で最も繁栄するサカナのグループ「条鰭類《じょうきるい》」の一員でありながら肺をもつポリプテルス、「肺魚類」のネオケラトドゥス、いわゆる「シーラカンス類」のラティメリアだ。

クペロたちは解析によって、イモリの仲間以外、つまり、水中生活者の「肺」は、二つあったとしても気管とつながるのは右肺だけであり、左肺は直接気管とはつながらず、右肺を経由してつながっていることを明らかにした。いっぽう、イモリの仲間などの陸上生活をおくる種は、もちろん私たちヒトを含めて、左右の肺がそれぞれ気管と直接つながる。

この結果をもとに、クペロたちは、もともと初期の脊椎動物は、肺をもっていたと指摘する。

ただし、一、つ、だ、け、だ。

一つの肺から進化が始まった。

その後、進化の過程で条鰭類の仲間の多くは肺を失ったか、あるいは、ポリプテルスのように、一つの肺を〝拡張〟させて、擬似的な二つ目の肺を手に入れた。

いっぽう、**四足動物は、〝真の二つの肺〟を獲得。左右の肺がそれぞれ気管と直接つながることで、効率的な空気呼吸が可能となり、陸上で生きていくことが可能となっ**たというのである。

この特徴は、そのままヒトに至るまで継承され続ける。

残念ながら、アカントステガの肺が〝真の二つの肺〟であったかどうかは定かではない。なにしろ、肺は軟組織でできており、化石として残りにくい。現在までに初期の四足動物で肺の化石が確認されたものはない。

しかしクペロたちの指摘が正しければ、**私たちの遠い祖先は〝二つ目の肺〟を獲得したことで、陸上世界という新天地へと歩みを進めることができたことになる。本書では、これを【第9の特徴】としておきたい。**なお、ひょっとしたら、〝二つ目の肺〟の獲得は、四足や指の獲得に先んじていたかもしれない。このあたりの〝微妙な順番〟については、あくまでも「本書の仕様」ということで、ご理解いただきたい。

❋乾燥に強い卵を得る

四肢と肺。じつは、この二つだけでは〝脊椎動物の上陸作戦〟は完遂し得なかった。

水中で進化を重ねた祖先たちは、次世代を残すために水中で卵を産んでいた。つまり、「水」が繁殖に欠かせなかった。彼らの卵は、地上では乾燥に耐えることができず、あっという間に干からびてしまう。

アカントステガのいた頃から3000万年と少しの時間が経過した石炭紀半ば。遅くてもこの頃までに、この問題を解決する特徴が獲得された。

「羊膜」である。【第10の特徴】だ。

羊膜は、簡単にいえば「半透過性の〝特殊膜〟」だ。空気は通すが、水分は通さない。この羊膜で包むことで、卵は空気中でも干からびずに済む。ただし、羊膜自体には硬さがない。そのため、浮力のない地上では自重で潰れてしまう。

羊膜の外側を囲むカルシウム製の殻（【第11の特徴】）もあわせて獲得されたことで、「硬い殻の卵」が誕生した。

羊膜と硬い殻の卵。この二つが揃ったことで、四足動物は本格的に内陸における活動が可能となったのだ。

羊膜をもつ動物群を「有羊膜類《ゆうようまくるい》」と呼ぶ。もちろん、私たちヒトも有羊膜類の構成者である。

残念ながら、初期の羊膜の化石も、羊膜を覆ったカルシウムの卵の殻の化石も発見されていない。しかし、さまざまな特徴を現生の有羊膜類と比較して、四足動物のあるグループが有羊膜類に最も近縁とみられている。

硬い殻の卵（断面図）
殻をもつことで、内陸でも子孫を残すことが可能になった。
イラスト：柳澤秀紀

そのグループの名前を「ディアデクテス類」という。広い意味で両生類を構成する一群ではあるが、現生の両生類の系譜とはつながらない。絶滅した初期の四足動物だ。

たとえば、アメリカに分布する石炭紀の地層から化石が発見されている「リムノスケリス（*Limnoscelis*）」が、そのディアデクテス類である。

リムノスケリスは、全長2メートルに達する大きなディアデクテス類だ。がっしりとした四肢をもち、頭部を見ると吻部《ふんぶ》が長く、口には太くて長くて鋭い牙が並んでいる。その姿は、現生の両生類とは似ても似つかない。この時点で、現生の両生類とはすでに袂を分かっていたことは一目瞭然だ。カエルの仲間（「無尾類」というイモリの仲間（同「有尾類」）ともアシナシイモリの仲間（同「無足類」）とも似ていない（この3グループをまとめて、「平滑《へいかつ》

リムノスケリス
ディアデクテス類。アメリカに分布する石炭紀の地層から化石が発見された。有羊膜類に近縁とされる。イラスト：橋爪義弘

両生類」という）。どちらかといえば、ワニの雰囲気に近い。

いっぽうで、リムノスケリスは、その足首の骨が、有羊膜類と似ているという。この足首の骨が、私たちにつながる系譜に近縁であることを意味している。

有羊膜類は、ディアデクテス類の近縁グループとして登場した。このとき、二つの有羊膜類のグループが独立して進化したと考えられている。

「竜弓類」と「単弓類」である。

※頭骨の側面に開いた〝一つの窓〟

「竜弓類」という言葉を聞きなれない読者もいるかもしれない。

このグループは、ざっくりと言ってしまえば、爬虫類とその近縁のグループで構成されている。のちの時代に出現する恐竜類は漏れなくこの竜弓類に属しているし、カメ類やヘビ類などの現生爬虫類グループも竜弓類に属している。現在の地球を生きる爬虫類は、竜弓類の生き残りだ。かつては、爬虫類以外の竜弓類がいくつか存在していた。

いっぽうの「単弓類」をざっくりと言えば、哺乳類とその近縁のグループで構成されている。この時代にはまだ哺乳類は現れていないけれども、本書の〝本流〟はもちろんこちらである。

大事な点は、竜弓類と単弓類は、独立したグループとして現れたということだ。ひと昔前の、いわゆる〝学校の教科書的な知識〟でいえば、哺乳類は爬虫類から進化したことになっている。しかし、科学の進歩はその知識を更新《アップデート》した。現在の理解では、哺乳類の進化は爬虫類を経由しない。どちらのグループも、その〝根幹〟に近い段階で、袂を分かっていたのだ。したがって、たとえば、人類の祖先をいくら遡っても、恐竜類にたどりつくことはない。

リムノスケリスとほぼ同時代、あるいは、ほんの少し後の時代――石炭紀後期の始まった頃には、すでに最初期の単弓類が現れていた。

最初期の単弓類には、いくつかの候補があり、その一つはカナダで化石が発見されている。名前は、「アサフェステラ（*Asaphestera*）」。

アサフェステラの化石として、大きさ数センチメートルという小さな頭骨の一部が知られている。カールトン大学（カナダ）のアルジャン・マンたちが2020年に発表した論文によると、この頭骨の一部に、単弓類としての特徴が確認できるとのことだ。

その特徴の一つが、「一つの側頭窓《そくとうそう》」である。【第12の特徴】だ。

頭骨の左右それぞれの側面に穴（窓）が開いている。この穴（窓）を、「側頭窓」という。数は、左右にそれぞれ一つずつ。側頭窓には顎の筋肉が収納され、その先で筋肉が骨に付着する。これにより、力強い咀嚼《そしゃく》が可能となっている。ちなみに、恐竜類やその他の爬虫類の多くには、左右それぞれに側頭窓が二つある。彼らは「双弓類」と呼ばれている。

「一つの側頭窓」は、単弓類に共通する特徴だ。もちろん、あなたにも筆者にもある特徴だ。

「え？　私の側頭部に穴なんて開いていないぞ」と思われた読者もいるかもしれない。いやいや、開いているのである。いわゆる「頬骨」の向こう側だ。私たちの側頭窓は、頬骨の内側に上下方向に開いている。この穴に顎の筋肉が通っているのだ。頬骨の少し上、こめかみのあたりに指を当てて、顎をアグアグと動かしてみよう。側頭窓を通った筋肉の動きを感じられるはずだ。

閑話休題。

アサフェステラの化石は小さな部分化石だけれども、近縁種の分析から、おそらくその姿はトカゲに似ていたとみられている。すなわち、全体的に小さくて、細くて、四肢はからだの側方へ向かって伸び、長い尾があった。

トカゲに似ている、つまり、竜弓類と似た姿から、初期の単弓類はスタートした。

アサフェステラ
単弓類。カナダに分布する石炭紀の地層から化石が発見された。“物語”は単弓類へ……。イラスト：橋爪義弘

しかし、進化を重ねるごとに、両者の〝差〟は広がっていく。

2018年にハーバード大学（アメリカ）のK・E・ジョーンズたちが発表した研究によると、その差は、たとえば、〝脊椎の分化〟に現れていくという。単弓類以外の有羊膜類と比較すると、**単弓類は〝脊椎の場所によるちがい〟が進化するほどに顕著になる**というのである。すなわち頸椎、胸椎、腰椎の形の差が大きくなっていくのだ。ジョーンズたちは、とりわけ胸椎の変化が先行し、あわせて前肢の機能が発達していったことを指摘している。このことが、のちの哺乳類の多様化に一役買ったらしい。

これを**【第13の特徴】**としておこう。ただし、この分化は突発的なものではなく、時間をかけて進んでいくものであると、ご承知されたい。

※横隔膜を得る？

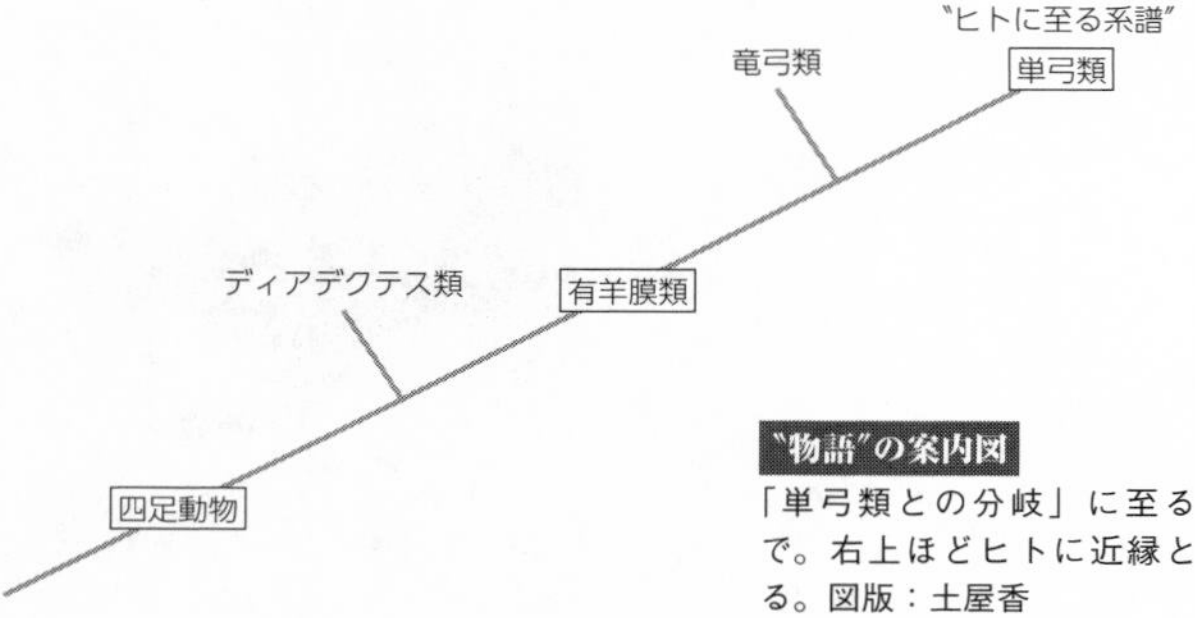

〝物語〟の案内図
「単弓類との分岐」に至るまで。右上ほどヒトに近縁となる。図版：土屋香

単弓類は、急速に多様化を進めていった。

その中で、「最も原始的」と言われるグループの一つが、「カセア類」である。代表的な種類は、アメリカから化石が発見されている「コティロリンクス(*Cotylorhynchus*)」だ。

コティロリンクスは、アサフェステラの生きていた時代から、さらに数千万年が経過したペルム紀に生きていた植物食の動物である。がっしりとした四肢をもち、でっぷりと膨らんだ胴体が特徴的で、全長は約3・7メートル、体重約330キログラムというなかなかの巨体であるにもかかわらず、頭部は長さ・幅ともに20センチメートルほどしかない。筆者の家では、まもなく14歳になるラブラドール・レトリバーがともに暮らしている。彼女の頭部のサイズがコティロリンクスとほぼ同等だ。ただし、彼女の全長は約1・4メートル、体重は約24キログラムである。つまり、コテ

コティロリンクス
カセア類。アメリカに分布するペルム紀の地層から化石が発見された。その生態は謎が多い。イラスト：橋爪義弘

ィロリンクスは、ラブラドール・レトリバーとほぼ同じサイズの頭部でありながらも、全長はその2・5倍、体重は13倍以上もあった。コティロリンクスの頭部の小ささが伝わるだろうか。

2016年、ライン・フリードリヒ・ヴィルヘルム大学ボン（ドイツ）のマルクス・ランバーツたちは、コティロリンクスの骨組織が、水棲《すいせい》哺乳類のそれとよく似ていることを明らかにした。そして、この骨構造に注目し、コティロリンクスが水棲種だった可能性を指摘している。

注目すべきは、この考察の先である。

まず、コティロリンクスやその近縁種は、肺呼吸だったはずである。肺自体が化石に残っていたわけではない。しかし、上陸に成功した段階で、四足動物の始祖は肺呼吸を獲得していたことは確実だ（そうでなければ、空気中で呼吸をすることができない）。クペロたちが2022年に発表した仮説が正しければ、肺は二つあった。

次に、コティロリンクスやその近縁種は、植物食者だった。すなわち、被捕食者である。端的に言えば、「襲われる側」だ。

水棲生活を行い、肺呼吸をする被捕食者にとって、呼吸のタイミングは〝無防備の時間〟でもある。水辺に待機《ち伏せする》した捕食者は、呼吸をするために水から顔を出した〝無防備の時間〟にコティロリンクスを狩るかもしれない。

こうした発想を連ねていって、ランバーツたちはコティロリンクスやその近縁種には、「横隔膜」があったとみている。

横隔膜は、私たちヒトにもある。胸腔《きょうくう》と腹部とを仕切る膜状の筋肉で、胸骨、肋骨《ろっこつ》、椎骨《ついこつ》に付着している。私たちはこの筋肉を動かすことにより、効率的な呼吸を行っている。横隔膜が腰の方向へ動けば、胸腔が広がり、肺に空気が入る。横隔膜が首の方向へ動けば、胸腔が狭まり、肺から空気が押し出される、という具合だ。横隔膜があるおかげで、短時間で大量の空気の入れ替えが可能となっている。

ランバーツたちによれば、コティロリンクスやその近縁種も横隔膜を備えており、効率的な呼吸を行うことで水面から顔を出す時間を最小限に抑え、捕食者に襲われる〝無防備の時間〟を可能な限り短くしていたのではないか、と言う。ちなみに、現生種を見る限り、横隔膜は哺乳類固有の特徴であり、他の脊椎動物グループは横隔膜をもっていない。

ランバーツたちの指摘が正しいとすれば、**横隔膜の獲得は、単弓類の進化の歴史のごく初期に行われていたことになる**。これは、〝可能性の話〟に近いのかもしれないが、**ここでは【第14の特徴】としておこう**。横隔膜による効率的な肺呼吸は、水棲種ならずとも、単弓類を優位に立たせることに一役買ったことだろう。何にせよ、横隔膜があるということは、肺呼吸をする動物にとって都合がよい。

ただし、「コティロリンクスやその近縁種に横隔膜があった」というランバーツたちの見解は、あくまでも「骨の構造が水棲哺乳類と似ている」という観察結果を端緒《たんしょ》とした考察であり、〝横隔膜の化石〟が確認されているわけではないので注意が必要だ。そして、「骨の構造が水棲哺乳類と似ている」という観察結果そのものは否定されていないものの、「コティロリンクスが水棲種だった可能性」を否定する研究が発表されている。水棲種の可能性が否定されれば、「コティロリンクスやその近縁種に横隔膜があった」という論理展開が成立しなくなる。

横隔膜そのものは化石に残っていないけれども、その存在を示唆する〝証拠〟として、かねてより「肋骨の数」が指摘されている。横隔膜は、胸骨、肋骨、椎骨に付着する筋肉だ。現生の哺乳類では、過去の単弓類と比較すると後方の肋骨の数が少なくなっており、横隔膜を形成するスペースがある。つまり、後方の肋骨が少なくなることが、横隔膜の存在の「間接的な証拠」となる。ジョーンズたちの2018年の研究でも示唆されている脊椎の分化にも関係しているといえるだろう。初期の単弓類にはこうした特徴がない。肋骨の減少は、単弓類が進化の過程で獲得する特徴だ。そして、ランバーツたちの論理展開ではなく、この「間接的な証拠」をもつ単弓類が確認されるのは、コティロリンクスから見て、まだ数千万年以上のちの話となる。このあたりは、今後の研究の展開に注意していく必要があるだろう。

横隔膜の獲得については議論の余地があるとはいえ、単弓類はペルム紀の陸上生態系で優位を勝ち得て勢力を拡大していく。

　コティロリンクスを含むカセア類とは袂を分かち、「真盤竜類《しんばんりゅうるい》」というグループが生まれた。真盤竜類の中で、〝ヒトに至る系譜〟と早期に分かれたグループの一つが、「エダフォサウルス類」である。

　このグループの代表は、「エダフォサウルス（*Edaphosaurus*）」だ。アメリカから化石が発見されている。全長は３・２メートルとコティロリンクスよりも小型の植物食動物であり、コティロリンクスよりはスマートなからだをしている。最大の特徴は、背骨を構成する個々の椎骨から垂直方向に細長い突起が伸びていたという点だ。その細長い突起は、頭部と尾部に近いほど低く、その間で高くなる。また突起の左右には、小さな棘《とげ》が並んでいた。復元の際には、この細長い突起の間に皮膚の膜を張ることが常だ。

　２０１０年、ウェスタン・オーストラリア大学（オ

エダフォサウルス
エダフォサウルス類。アメリカとドイツに分布する石炭紀とペルム紀の地層から化石が発見された。イラスト：橋爪義弘

ーストラリア）のジョセフ・L・トムキンスたちは、標本数が少ないことから〝控えめな仮説〟であるとした上で、この突起が「種内ディスプレイ」だったとしている。

雄から雌、あるいは、雌から雄への〝性的なアピール〟だった可能性があるということになる。トムキンスたちのこの〝控えめな仮説〟が正しければ、単弓類の歴史における**「見せて魅せるための特徴」（【第15の特徴】）は、エダフォサウルス類の頃にはすでに獲得されていたのかもしれない。**

ただし、こうした〝性的なアピール〟を化石から推測することは困難であり（なにしろ、「アピール」という行動は、化石に残らない）、トムキンスたちがいうように発見される化石の数と質、その分析に依《よ》るところが大きい。こちらも、将来への課題といったところだろう。

エダフォサウルス類と分かれた〝ヒトに連なる系譜〟は、次に「スフェナコドン類」と呼ばれるグループと分かれた。

スフェナコドン類は、この時代の真盤竜類の象徴ともいえるグループである。代表は、「ディメトロドン（*Dimetrodon*）」。化石は北アメリカ大陸とドイツに分布するペルム紀の地層から発見されている。

ディメトロドンは、全長3メートル超、エダフォサウルスと同じような〝細長い突起を芯とする帆〟をもつ。ただし、エダフォサウルスの細長い突起の左右には小さな棘が並んでいることに対し、ディメトロドンの細長い突起にはそうしたつくりはない。代わりに、というわけではないだろうが、ディメトロドンの細長い突起の内部には空洞があり、血管が通っていたとみられている。そのため、帆を日光に当てることで、血管を流れる血液の温度を上昇させることができ、体温も高めることができた。他の動物たちがまだ十全にからだを動かせない早朝などに、ディメトロドンはいち早く活動を開始することが可能だった。

頭部は大きく、顎はがっしりとしていて、口には鋭い歯が並ぶ。ディメトロドンは、ペルム紀の前半期を代表する捕食者であり、おそらく陸上生態系の上位に君臨していたとされる。

この歯に注目したい。**ディメトロドンの歯は、大小2種類で構成されているのだ。**「**異歯性**《いしせい》」である（「**異形歯性**」ともいう）。**【第16の特徴】**だ。

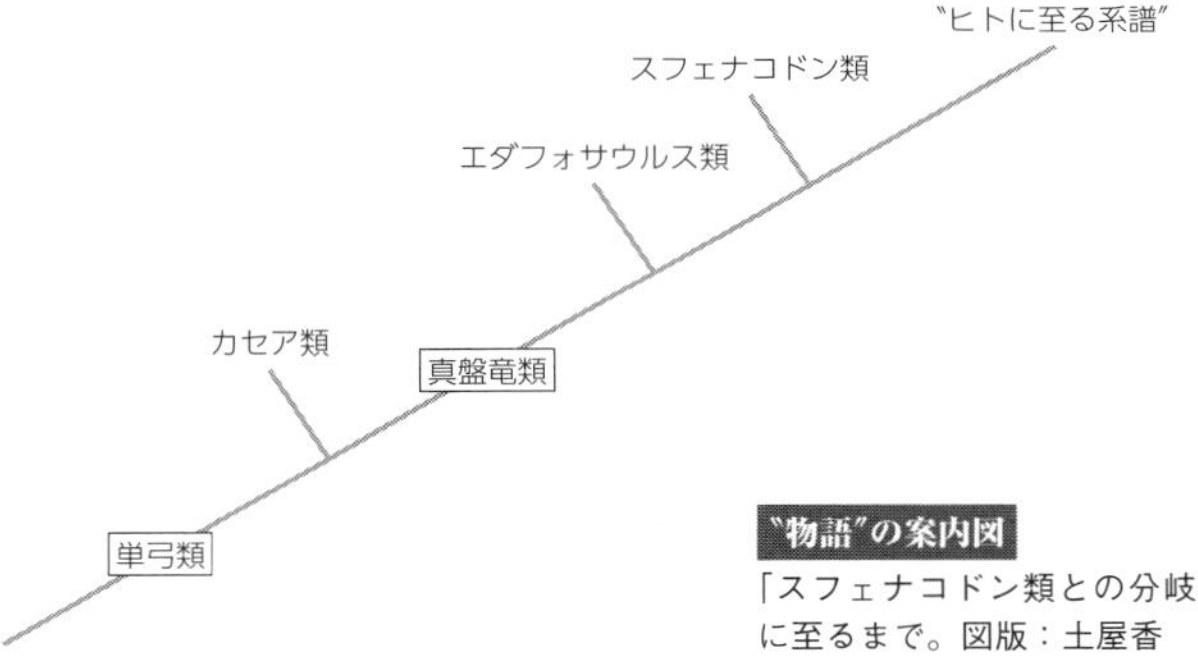

〟物語〟の案内図
「スフェナコドン類との分岐」に至るまで。図版：土屋香

じつは、ここまで紹介してきた古生物たちの歯は、それぞれの種の口の中でどれも似たような形をしていた。（例外もあるにせよ）これは、現生の爬虫類と両生類にも共通することで、彼らの歯は、口の中の生えている位置で、その形状が大きく異なるということはない。

いっぽう、私たちヒトには、平たい「切歯《せっし》（門歯）」（剪断《せんだん》用）、鋭い「犬歯《けんし》」（攻撃用）、臼《うす》のような形状の「臼歯《きゅうし》」（すり潰し用）といった歯がある。これが「異歯性」だ。異歯性をもつことで、さまざまな食物を効率的に食することができる。

ディメトロドンやその近縁種が獲得した異歯性は、ヒトの異歯性と比べるとシンプルなものだ。しかし、ともかくも、異歯性という特徴

ディメトロドン
スフェナコドン類。アメリカとカナダ、ドイツに分布するペルム紀の地層から化石が発見された。イラスト：橋爪義弘

は、この頃から備えられるようになった。〝ヒトに至る系譜〟の中で、異歯性はさらに発展していく。

※汗腺が発達する

多様化を進め、順調に繁栄していく真盤竜類。

この過程のどこかで獲得されたとみられている【第17の特徴】が、「**汗腺**」だ。

つまり、「汗」をかくことができるようになったとみられている。そして、獲得された汗腺の一部は、のちに「乳腺」につながっていったのではないか、との指摘がある（繰り返しておくが、【第〇の特徴】の番号は、本書における文脈状の順番である。正しくこの番号順に獲得されたとは限らないので、ご注意されたい）。

それは、2002年にスミソニアン動物園（アメリカ）のオラブ・T・オフテンダルが提唱した仮説による。

汗腺と乳腺は、そのつくりがよく似ている。そして、乳腺の方が複雑だ。そのため、汗腺が変化して乳腺になったとみられている。

もちろん、汗腺も乳腺も、化石に残らない。少なくとも、これまでに化石となった汗腺や乳腺は、筆者の知る限りでは発見されていない。

しかし、〝ヒトに至る系譜〟の進化の過程のどこかで、汗腺は獲得されたはずである。

私たちヒトは汗をかくし、ヒト以外の哺乳類も汗をかく。汗をかくことによって、哺乳類は自分の体温を調整している。いっぽう、哺乳類以外の脊椎動物は汗をかかない。

哺乳類は単弓類の生き残りだ。したがって、単弓類から哺乳類が生まれていく過程のどこかで、つまり、〝ヒトに至る系譜〟の早い段階で、汗腺は獲得されたはずである。

オフテンダルが注目するのは、初期の単弓類の卵の化石が発見されていない点である。

初期の単弓類は卵生だったとみられている。彼らの化石には、胎生に必要な骨格がない。

……卵生だったはずだが、その卵の化石はこれまでに発見されていないのだ。アサフェステラもコティロリンクスもエダフォサウルスもディメトロドンも、その卵の化石は、〝候補となる化石〟さえも未発見だ。

オフテンダルの仮説では、その理由を「殻が軟らかい」ことに求めている。つまり、硬い殻ではなかったからこそ、化石化の過程で〝壊れて〟しまい、保存されなかったのではないか、ということになる。化石は硬い物質ほど残りやすく、軟らかい物質ほど残りにくい。そのため、初期の単弓類の卵は、〝膜のような軟らかい殻〟で覆われていたのかもしれないというのである。

そして、そうした〝膜のようなもの〟は、水分が蒸発しやすかったかもしれない。そこで、卵を産んだ母は、自分の汗で卵を湿らせていたのかもしれない。汗腺から分泌する汗を、卵の乾燥を防ぐために使い、そして、発達させていったのではないか、とオフテンダルはいう。この場合、たしかに〝ヒトに至る系譜〟の早い段階で、汗腺は獲得されていたことになる。当時の単弓類は、体温調節よりも卵の乾燥を防ぐため、あるいは、体温調節と卵の乾燥防止の両方を行うために、汗を使っていたのかもしれない。

もっとも、「かもしれない」の連続であることからわかるように、これはあくまでも仮説であり、仮定の積み重ねだ。これまでのところ、オフテンダルの仮説を証明するような証拠は発見されていない。

※からだを〝持ち上げ〟始める

約2億7000万年前――ペルム紀の半ば。スフェナコドン類と分かれた真盤竜類から新たなグループが台頭するようになる。「獣弓類」だ。〝ヒトに連なる系譜〟である。

獣弓類には、その他の真盤竜類とは決定的なちがいがあった。コティロリンクス、エダフォサウルス、ディメトロドンなどはいずれも、その見た目が〝爬虫類的〟だった。四肢をからだの側方へと伸ばし、ワニやトカゲのように歩いていた。

しかし、獣弓類はちがう。

四肢が胴体のほぼ下へと伸びるようになったのだ。【第18の特徴】としておきたい。

2021年にみすず書房から筆者が上梓《じょうし》した『機能獲得の進化史』の中で、筆者は名古屋大学博物館の藤原慎一に取材し、この変化の影響をまとめた。このとき、藤原が指摘したのは、エネルギーの使い方の変化だ。コティロリンクス、エダフォサウルス、ディメトロドンといった、ワニのような四肢のつき方は、胴体を持ち上げるために多くのエネルギーを消費する（胴体を持ち上げられないわけではない）。胴体の下へまっすぐ伸ばせば、骨自体が〝支え〟となるため、このエネルギーを節約することができる。節約したエネルギーを、例えば、〝筋肉の力強い制御〟などに回すことができるわけだ。四肢の変化は、よりアグレッシブな行動を可能とした。

変化は、四肢のつき方だけではなかった。**異歯性はスフェナコドン類よりも顕著になっているし、顎関節は強化され、側頭窓が広くなるなど、さまざまな特徴が〝強化〟された。**

パンチローリは『哺乳類前史』の中で、獣弓類のことを「革命集団」「ペルム紀最大のイノベーター」と評している。

実際、獣弓類の誕生は、〝ヒトに連なる系譜〟の歴史に、飛躍的な変化をもたらした。

パンチローリが注目しているのは、**「内温性」【第19の特徴】が獲得されていた可能性がある**ことだ。

内温性とは、かつては「温血性」「恒温性」と呼ばれていた性質とほぼ同義だ。内温性の動物は、自分の体内で熱をつくりだすことができる。現生の動物でいえば、哺乳類と鳥類だけがもつ特徴だ（サメ類の一部なども もつとされる）。内温性の対義語は「外温性」（旧来の言葉でいうところの「冷血性」「変温性」）である。こちらは、自分の体温の変化を外気に依存する。

先ほど紹介したばかりのディメトロドンは、外温性だった可能性が高い。仮に帆に熱交換機能があったとしたら、それはすなわち、体温上昇を周囲の温度に依存していたことを示唆するからだ。そして、ディメトロドンの属するスフェナコドン類と獣弓類が袂を分かつそのときまでは少なくとも、私たちの祖先も外温性だったのかもしれない。

パンチローリは著書の中で、骨の構造や化学分析結果などを挙げて、獣弓類を構成する多くのグループで、それぞれ独立して〝程度の異なる内温性〟が獲得された可能性を指摘する。ただし、「疑問が残る」との注釈もついている。

実際のところ、ペルム紀の獣弓類が内温性だったのかはよくわかっていない。しかし、もしも、ペルム紀の獣弓類が内温性を獲得していたのなら、さほど気候の影響を受けず、地上のさまざまな場所を生活圏とすることができただろう。外温性の動物たちよりも活発に動き回ることができ、真下へ伸びる四肢を上手に使って、狩りに勤《いそ》しんでいたかもしれない。そして、このアクティブな生態を維持するために、多くの食料を必要としていたにちがいない。

革命的、とも言われるこうした特徴は、真盤竜類の中に獣弓類が登場したことで「突然獲得された」……ように見える。しかし、実は、獣弓類と獣弓類以外の真盤竜類の間には、〝進化の空白〟が指摘されており、獣弓類の誕生前に何があったのか、どのような動物がいたのか、あるいは、本当に突然の変化があったのかは、よくわかっていない。２０２２年には、ハーバード大学（アメリカ）のＰ・Ｊ・ビショップたちが、この中間的な特徴をもつという上腕骨の化石を報告しており、遠からず、〝進化の空白〟についても明らかになるかもしれない。

そんな獣弓類から、筆者の〝推し〟を一つ、紹介しておこう。

その名を「イノストランケヴィア（*Inostrancevia*）」という。全長は３メートルを超え、すっくと胴体を高く持ち上げた姿勢だ。それは、ディメトロドンたちとは決定的に異なる、哺乳類然とした姿である。全体的に細身であり、いっぽうで頭部の長さは50センチメートルを超え、**口の中では異歯性もさらに進んでいた。**大小の鋭い

イノストランケヴィア
ゴルゴノプス類。ロシアと南アフリカに分布するペルム紀の地層から化石が発見された。ペルム紀後半期における、獣弓類の繁栄を象徴するような存在。イラスト：橋爪義弘

牙のほか、切歯（門歯）のような歯も備えていた。明らかに肉食性だ。

イノストランケヴィアは、ペルム紀の後半期の地上世界に築かれた獣弓類の覇権を体現するような存在だった。初めてその存在が知られて以来、化石はロシア産だけが知られていた。しかし、2023年になって南アフリカ産の化石も報告されている。

ロシアと南アフリカである。現在も遠く離れているが、ペルム紀においても地上世界の北と南に位置している。ただし、当時、諸大陸の集合はほぼ完了しており、ロシアから南アフリカまで歩いて移動することが可能だった（現在でも、やろうと思えば徒歩で縦断することは不可能ではないだろう）。

なお、ロシアと南アフリカで化石が発見されたということは、当然、その途中の国や地域でも化石が発見される可能性があることを意味している。該当する時代の地層さえ残って

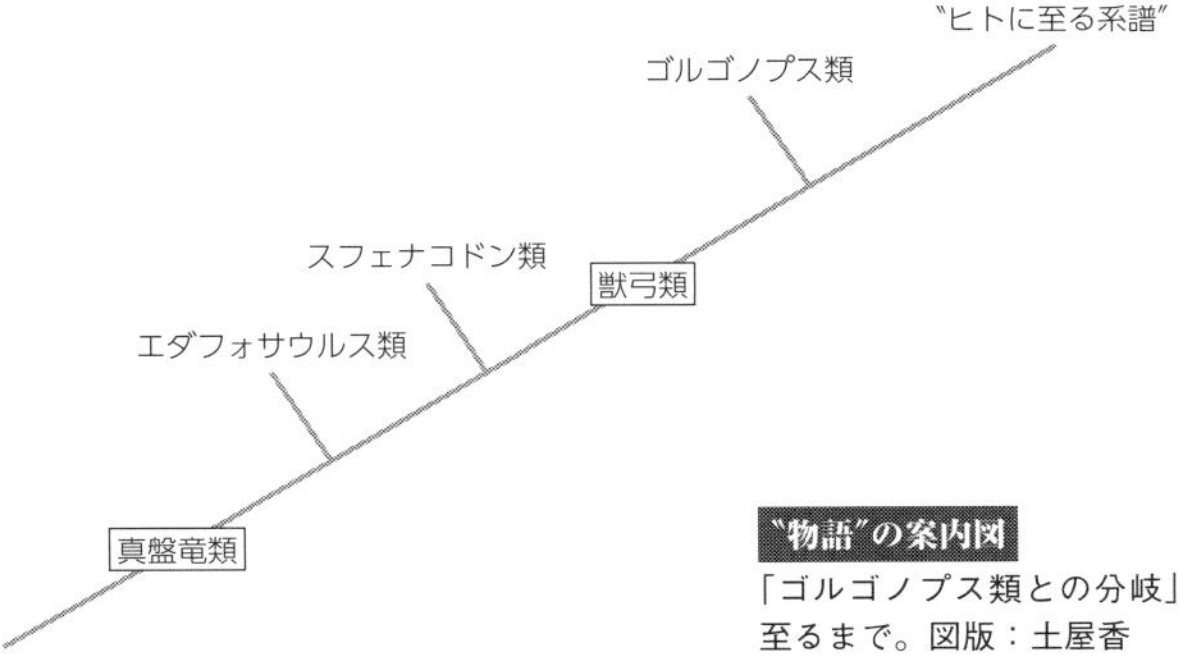

"物語"の案内図
「ゴルゴノプス類との分岐」に至るまで。図版：土屋香

いれば、この肉食性獣弓類の新たな化石が発見され、その版図《はんと》をより正確に描くこともできるかもしれない。

イノストランケヴィアに象徴される一群は、獣弓類の中でも「ゴルゴノプス類」というグループに属している。彼らは、ペルム紀後半期の地上世界に君臨していた。〝ヒトに連なる系譜〟とは分かれた存在ではあるものの、その親戚のようなグループが、世界を制していたのである。

※史上最大の大量絶滅事件

カンブリア紀にその歴史をスタートさせたとき、〝ヒトに至る系譜〟は、すでに「眼」を備えていた。第1の特徴だ。

その後、「歯」と「顎」を獲得した。第2、第3の特徴である。

デボン紀になると進化は急速に進み、「鰭の中に腕の骨」を備え（第4の特徴）、「首の骨」をもち（第5の特徴）、「腰の骨」を有するようになった（第6の特徴）。その〝勢い〟のまま、「四足」（第7の特徴）、「指」（第8の特徴）、「二つ目の肺」（第9の特徴）も獲得し、上陸生活が可能となった。

この段階で、いわゆる「サカナ」たちとは、完全に袂を分かっている。

あわせて、「羊膜」（第10の特徴）、「硬い殻の卵」（第11の特徴）を得たことで、内陸でも子を残すことが可能となった。

このときが、いわゆる「両生類」との別離だ。

そして、古生代石炭紀になると、〝ヒトに至る系譜〟は、「竜弓類（爬虫類）」とは異なる道を歩み始める。「単弓類」の始まりだ。恐竜たちとは、この時点から別の道を歩んでいる。

当時から現在に至るまで、第12の特徴こと、「一つの側頭窓」が〝ヒトに至る系譜〟の特徴となる。そして、「脊椎の分化」（第13の特徴）も始まった。

単弓類は、隆盛した。ペルム紀には、「横隔膜」（第14の特徴）を備えていたかもしれない。また、同種の異性への「視覚的なアピール」（第15の特徴）も始まっていた可能性がある。

単弓類の1グループとして、「真盤竜類」が登場する。

陸上生態系の上位に君臨するようになった真盤竜類では、「異歯性」（第16の特徴）と、おそらく「汗腺」（第17の特徴）を手に入れた。

やがて真盤竜類の1グループとして登場した「獣弓類」は、「四肢が胴体のほぼ真下へと伸びる」ようになった（第18の特徴）。また、この頃に内温性（第19の特徴）が獲得されていた可能性がある。

古生代の約2億8700万年間の中で、さまざまな特徴を獲得した〝ヒトに至る系譜〟は、陸上を活発に動き回る「強者の地位」を確立した。

順調、といえるだろう。

しかし、〝人類に連なる物語〟は、ここで大きな転換点に直面する。

約2億5200万年前の古生代末、空前の大量絶滅事件が勃発したのだ。

ハワイ大学（アメリカ）のスティーヴン・M・スタンレイが2016年にまとめた論文によると、このときの海棲動物の種の絶滅率は、じつに81パーセントにおよんだという。陸棲動物の絶滅率は世界レベルでまとめられるほどの情報がないものの、2005年にイジコ・南アフリカ博物館のロジャー・スミスとジェニファー・ボタがまとめた南アフリカのデータでは、69パーセントの陸上脊椎動物が姿を消したという。

カンブリア紀以降、現在に至るまでの生命史には、「ビッグ・ファイブ」と呼ばれる五つの大量絶滅事件がある。ペルム紀の終焉《しゅうえん》を告げることになったこの大量絶滅事件は、ビッグ・ファイブの中で最大規模だった。

これほどの大量絶滅事件でありながらも、原因は未だ特定されていない。

順調に進化を重ねていた私たちの祖先とその仲間たちは、この謎の大量絶滅事件の〝直撃〟を受けた。

世界に君臨していたゴルゴノプス類が滅ぶなど、獣弓類は〝再編成〟を余儀なくされる。

このことは、〝ヒトに連なる系譜〟にとっての不幸だったのか、幸福だったのか。その答えを探るためには、物語を先に進める必要がある。

私たちホモ・サピエンスが登場するまでの道のりは遠い。まだ、2億5100万年以上の歳月が必要だ。

分水嶺に立っていた爬虫類

単弓類は、遅くとも石炭紀後期までに、竜弓類と袂を分かっていた。単弓類においては、その後、真盤竜類が出現し、そして獣弓類が登場し……といった具合に、〝人類に連なる物語〟が進んでいくことになる。とくにペルム紀の前半期において、真盤竜類の一員たるスフェナコドン類が台頭し、後半期には獣弓類の一員たるゴルゴノプス類が世界の覇権を握っていた。

いっぽう、この間の竜弓類に〝何もなかった〟わけではない。竜弓類は竜弓類で、独自の進化を歩んでいた。竜弓類のグループとして、いわゆる「爬虫類」が登場していたのである。

ただし、ペルム紀の前期の段階で、爬虫類には2つのグループがあった。一つは、「側《そく》爬虫類」と呼ばれるグループであり、もう一つは、「真爬虫類」と呼ばれるグループである。

この名前が示唆するように、爬虫類の進化における〝本流〟は、真爬虫類だ。

しかし、ペルム紀の世界で繁栄していたのは、側爬虫類だった。このグループには、ペルム紀の中期から後期にかけて、全長数メートル級でずっしりとした体格をもつ大型種が多数存在していた。植物食者だった彼らは、ゴルゴノプス類をはじめとする獣弓類の主な獲物とみられ、熾烈《しれつ》な生存競争を日々繰り広げていたとされる。

いっぽう、真爬虫類には、そこまでの大型種は確認されていない。当時の典型的な真爬虫類は、まるでトカゲのような姿をしていて（あくまでも、姿の話であり、現生のトカゲと直接的な祖先・子孫の関係があるわけではない）、サイズは数十センチメートルほどだった。メートル級の真爬虫類が存在しなかったわけではないものの、基本的にはほっそりとした種が多い。多数の〝重量級〟を擁していた側爬虫類と比較すると、当時の真爬虫類は、いかにも〝弱々しい姿〟と言わざるを得ない。見方を変えれば、真爬虫類にとって、ペルム紀は「雌伏の期間だった」といえるかもしれない。

ペルム紀において、爬虫類の進化の物語は、側爬虫類へ進むか、それとも真爬虫類が紡いでいくか、その分水嶺《ぶんすいれい》にあったのだ。

ペルム紀末に発生した大量絶滅事件は、ゴルゴノプス類などの大型獣弓類を滅ぼしただけではなく、側爬虫類の歴史にも終止符を打つことになった。

三畳紀が始まった時、物語の主役は真爬虫類へと移っていた。ほどなく、真爬虫類の一員として、魚竜類やクビナガリュウ類などの海棲爬虫類や、ワニ類、そして、恐竜類といった〝中生代の覇者〟が登場し、瞬く間に台頭していくことになる。

ペルム紀末の大量絶滅事件が発生しなければ、〝人類に連なる物語〟も紡がれなかったかもしれない。同様に、側爬虫類の勢力が保たれたままであったとしたら、あるいは、真爬虫類がペルム紀の間に滅んでいたとしたら、恐竜たちが栄える時代も訪れなかったのである。

大型単弓類のその後

我らが単弓類は、ペルム紀の世界で地上生態系の上位にあった。

本文で紹介したイノストランケヴィアを代表とするゴルゴノプス類は、数メートル級の体格と鋭い歯、がっしりとした顎を擁した肉食性で、覇者として超大陸に君臨した。また、植物食者としても、時代の最大級こそ前コラムで紹介した側爬虫類に譲るものの、単弓類にもメートル級の植物食者がいたことが知られている。ペルム紀の地上は、まさに〝単弓類の王国〟だったのだ。

しかし、ペルム紀末の大量絶滅事件が、その王国を崩壊させた。

覇者として君臨していたゴルゴノプス類が滅んだ。こののち、数メートル級の肉食性単弓類が現れるには、1億8000万年以上の歳月を必要とする。自然界において、基本的に「サイズ」は、「力」だ。この一点をもってしても、単弓類が長い雌伏の期間に入ったことがわかる。

いっぽう、植物食者は、かろうじて大型種の輩出を続けていた。ゴルゴノプス類の亡き後、真爬虫類の大型種が台頭していく中で、〝大型植物食者〟としての地位を維持していた。それは、ペルム紀末の大量絶滅事件後も4000万年以上にわたって続いていたが、三畳紀末期に滅んだ全長約4・5メートルのリソウィキア（*Lisowicia*）を最後にメートル級は姿を消した。こちらも、長い雌伏の期間に突入し、大型種が登場するのは、本書でいうところの「躍進の章」を待たねばならない。

雌伏の章

※世界は分裂を開始する

約2億5200万年前、空前の大量絶滅事件が勃発したとき、世界の大陸はすべて集合・合体し、「超大陸パンゲア」となっていた。

大量絶滅事件の〝直前〟まで、この超大陸に生きる獣弓類の一部は、全長数メートルという、それなりに大きな体軀を獲得し、四肢でからだをぐっと持ち上げ、大きな顎には異歯性の発達した歯が並び、ひょっとしたら横隔膜を備えて効率的な肺呼吸を行い、そして、内温性であることを十全に生かして、アグレッシブな狩りを行っていた(かもしれない)。

一言でいえば、陸上生態系の上位に君臨する存在になっていた(はずである)。当時、世界には獣弓類の王国が築かれていたのだ。

しかし、大量絶滅事件によって、その王国は崩壊した。約2億5200万年前を境として、私たちの祖先の仲間たちが築いてきた世界は壊滅し、新たに爬虫類を中心とする世界が急速に構築されていく。

この新たな世界で頭角を現していくのは、〝ヒトに至る系譜〟とは、はるかな昔に袂を分かった竜弓類の雄、「恐竜類」である。

大量絶滅事件後、恐竜時代が始まる。約6600万年前まで約1億8600万年間にわたって続いたその時代は、「中生代」と呼ばれ、古い方から「三畳紀」「ジュラ紀」「白亜紀」と名付けられている。三畳紀とジュラ紀の境が約2億100万年前、ジュラ紀と白亜紀の境が約1億4500万年前だ。

舞台である超大陸パンゲアは、しだいに分裂していく。南北に分かれ、東西に分かれ、その後、1億年以上の歳月をかけて、諸大陸に分かれていく。北のローラシア超大陸、南のゴンドワナ超大陸に分かれ、その後、ジュラ紀の間にローラシア超大陸は北アメリカ大陸とユーラシア大陸に分裂した。白亜紀になるとゴンドワナ超大陸の分裂も進み、南アメリカ大陸とアフリカ大陸が分かれる。

この分裂は、生物の〝断絶〟を招いた。

新たな種が生まれるという進化は、〝突然変異の蓄積〟によって起きる。広い生息地でたがいに交流ができる間は、突然変異は、世代を重ねる間に〝薄まって〟しまい、新たな種の誕生とはなりにくい。しかし、広大な海などによって生息地が分断されると、その突然変異が重なっていく可能性が高くなる。

超大陸の分裂によって、種内の交流が断絶され、「隔離」が生じることで、各大陸に固有の生物が進化していくことになる。

中生代における地球の気温は、概《おおむ》ね温暖だ。２０２１年、ノースウェスタン大学（アメリカ）のクリストファー・R・スコテーゼたちは、過去約5億４０００万年間の地球の気温変化をまとめた論文を発表した。この論文によれば、21世紀の現在の地球の平均気温は約15℃。いっぽう、中生代の約1億８６００万年間にわたって、地球の平均気温は15℃を超えていた。とくに三畳紀初頭や、白亜紀の半ばすぎには25℃さえも超えていた。現代日本の表現でいえば、地球の平均気温が「夏日」以上だったことになる。簡単に表現するならば、「猛烈な暑さ」だった。

暖かな気候をうけて、世界中で植物が繁茂する。中生代の開幕当初はシダ植物や裸子植物が茂り、のちに被子植物がその勢力を拡大していく。

恐竜の時代。分裂の時代。温暖な時代。

そんな時代に、獣弓類はいかに、〝人類に連なる物語〟を紡いでいくことになるのだろうか。

❊明瞭な奥歯

少し時間を戻そう。

南アフリカのペルム紀の地層から化石が発見された「プロキノスクス（*Procynosuchus*）」を紹介しておきたい。40センチメートル弱の頭胴長で、ほっそりとした体つきをしている。いっぽうで、四肢はやや太めで、尾はやや長いという獣弓類である。

筆者の家では、先述のラブラドール・レトリバーとともに、9歳になるシェットランド・シープドッグがいる。ラブラドールとは異なり、片手でも持ち上げることができる彼女のサイズは、頭胴長が約75センチメートルだ。執筆中は筆者の足元で寝息を立てていることが多く、休憩時に筆者が室内を歩くと（台所の冷蔵庫に飲料をとりにいったり、軽く腕を回したり、書庫の資料を確認したり……）、筆者の足にまとわりつくように歩き回る（ラブラドールのほうは、自分の定位置で我関せずと寝息を立て続けているのに）。ともすれば、こちらがシェットランド・シープドッグを蹴飛ばしてしまいそうになる。そんなサイズである。そんなサイズの犬よりも、プロキノスクスはもっと小型だった。

もしも、あなたがペルム紀世界にタイムスリップしたと

プロキノスクス
キノドン類。南アフリカに分布するペルム紀の地層から化石が発見された。イラスト：橋爪義弘

したら、足元に注意が必要だ。〝人類に連なる物語〟で重要な種であるプロキノスクスを蹴飛ばしてしまうかもしれない。そして当時のプロキノスクスに近縁な仲間たちは、いずれも同じようなサイズ感である。

注目すべきは、プロキノスクスのもつ〝さらに発達した異歯性〟だ。

プロキノスクスには、【第20の特徴】ともいうべき、〝はっきりとした奥歯〟があった。しかもその奥歯は、前方の歯と後方の歯で形状が異なっていた。前方の奥歯は先端が鋭く、後方の奥歯は哺乳類の臼歯を彷彿とさせるような複雑な形状だった。もちろん、犬歯は鋭く発達しているし、門歯らしき前歯もある。ゴルゴノプス類よりも、異歯性は高かった。

そんなプロキノスクスに代表される、異歯性の発達した小型の獣弓類で構成されるグループの名前を、「キノドン類」という。

❇二次口蓋をもつ小さな革命者

キノドン類は、ペルム紀末の大量絶滅事件を乗り越えた獣弓類である。

頭胴長30センチメートルほどで、ペルム紀のプロキノスクスとさほど変わらない姿の「トリナクソドン（*Thrinaxodon*）」が、三畳紀初頭のキノドン類を代表する存在だ。その化石は、南アフリカと南極大陸から発見されている。なお、超大陸パンゲアの時代の話なので、他の大陸の地層からトリナクソドンの化石が発見されても、さほど不思議ではない。

この頃のキノドン類は、頬骨が発達し、頭蓋骨の正中線に沿う形で頭頂付近が盛り上がっていた。ウルトラセブンの頭のような、といえば、伝わるだろうか。この盛り上がりは「矢状稜《しじょうりょう》」と呼ばれる（【第21の特徴】）。

矢状稜は、顎の筋肉が付着する場所となった。下顎につながる筋肉がぐっと伸びて、矢状稜に着くのである。発達した頬骨とあわせて、キノドン類における「嚙む」という動作が、力強く、そして、正確に行えるようになったことを意味している。

また、口腔《こうくう》が上下に分かれた。「二次口蓋《こうがい》」と呼ばれる骨の板が発達し、その上に鼻腔がつくられる。【第22の特徴】だ。

二次口蓋ができたことで、「鼻」と「口」は分離した。これによって、口の中にものが入っていても、呼吸をする

トリナクソドン
キノドン類。南アフリカと南極大陸に分布する三畳紀初期の地層から化石が発見された。イラスト：橋爪義弘

ことが可能となった。異歯性の発達した口で、力強く、ゆっくりと食事をすることができるようになったわけだ。あなたも筆者も、我が家の犬たちも、口の中いっぱいに食べ物を頬張っていても、呼吸に支障はない。2億年以上も前のキノドン類が備え始めた二次口蓋のおかげである。また、この時代のキノドン類は、2018年にハーバード大学（アメリカ）のジョーンズたちが指摘した〝脊椎の分化〟もより顕著になっている。胸、腰といった部位による骨のちがいが、より明瞭になった。

踵も発達し、四肢はよりまっすぐ胴体の下へと伸びるようになった。【第23の特徴】ともいうべき、この変化によって、〝直立性〟が進み、より効率的に歩けるようになった。

かつての単弓類は、爬虫類や両生類のように、からだの側面に向かって足を伸ばしていた。この姿勢で腹をすらずに歩き回るのは、なかなか大変である。あなたも実際に肘や膝を左右に突き出して、腕立て伏せをやってみればよい。〝つらさ〟を実感できるはず。まっすぐ胴体の下へ伸ばすことで、その〝つらさ〟が解消され、その維持に使われていたエネルギーを他に回すことができるようになった。ペルム紀の獣弓類の段階で、ある程度は直立していたが、三畳紀のキノドン類となって、より顕著な直立性が備わったのである。

小さくて目立たない、大量絶滅事件の〝細《ささ》やかな生き残り〟であるキノドン類は、〝ヒトに至る系譜〟として、さまざまな特徴を獲得していた。

そして、その進化はさらに進む。

リオグランデ・ド・スル連邦大学（ブラジル）のセルジオ・F・カブレイラたちは、2022年に発表した研究で、三畳紀後期のキノドン類が「**二生歯性**」**を獲得していた**ことを指摘している。**【第24の特徴】である**。

二生歯性とは、生涯に1度だけ歯が生えかわる特徴だ。「哺乳類特有の歯」である。ちなみに、哺乳類の中には、一生歯性——歯が生涯にわたって生えかわらないものもいる。哺乳類以外の脊椎動物の歯は、原則的に「多生歯性」だ。彼らの歯は、その生涯を通じて生えかわりを繰り返す。

虫歯に悩む人などは、「ああ、〝3個目〟、〝4個目〟の歯も欲しいな」と思う方もいるかもしれない（ちなみに、筆者は体質のためか、虫歯に悩まされたことはない）。

なぜ、私たちの歯は、1度しか生えかわらないのだろう？　それこそ、爬虫類のように何度でも歯が生えかわれば、ちょっとやそっとの虫歯も気にならないのに。

じつは、哺乳類の歯は、その他の脊椎動物と比べるとかなりの〝高性能仕様〟だ。形状はかなり複雑であり、厚いエナメル質の層などで覆われていて硬い。そんな高性能仕様の歯は、高い〝コスト〟を使ってつくられていることは想像に難くない。もしも、〝3個目〟、〝4個目〟の歯が同じようにつくられるのであれば、かなりのコストを歯に使わなければならない。生えかわりを

1回に抑えることで、そのコストを、私たちは別のどこかに使っているはずだ。〝3個目〟、〝4個目〟の歯をつくっていたら、その〝何か〟を失うかもしれない。そもそも、大切に使えば、長くもつ〝高性能仕様〟の歯である。虫歯などで失ってしまうのは、もったいない。日々の歯磨きは、やはり大切なのだ。

哺乳類の場合、顎の小さな幼体時には小さな乳歯が並び、成長にともなって顎が大きくなると大きな永久歯に変わって本数も増える。生涯を通じて大型化を続ける他の動物とは異なり、哺乳類の場合は性成熟を遂げたのち、からだの成長がほぼ止まる。顎のサイズも変わらず、永久歯をそれ以上増やす必要はない。

カブレイラたちは、ブラジルから発見されたキノドン類、「ブラジロドン（*Brasilodon*）」の長さ4センチメートルほどの頭骨の化石を調べた。歯と下顎の断面が調査され、乳歯とみられる構造の歯の下に、生えかわりを待つ、永久歯のような構造の歯があることを見出した。細部まで分析・検討を重ねた結果、ブラジロドンは、乳歯から永久歯へと生えかわる二生歯性であったと、カブレイラたちは指摘する。今のところ、知られている限り最も古い二生歯性の記録である。

同じ頃、キノドン類の中に「**内温性**」**をもつ種が出現した可能性が指摘されている**。

オックスフォード大学自然史博物館（イギリス）のパンチロ－リが『哺乳類前史』で「ペルム紀の獣弓類の段階で獲得された可能性がある」と控えめに指摘していたこの性質（第19の特徴）

は、じつは獲得までの時間をもう少し必要としていたのかもしれない。議論のあるところといえよう。

　リスボン大学（ポルトガル）のリカルド・アラウージョたちは、２０２２年に「耳の骨」に注目した研究を発表した。アラウージョたちの分析によると、耳の骨——内耳をつくる骨は、外温性の動物は厚くて太く、内温性の動物は薄くて細いという。そして、２８５の現生種とともに、51の絶滅した単弓類の耳の骨が調べられた結果、**〝ブラジロドンの頃のキノドン類〟から、急速に〝内温性の耳の骨〟が獲得されていった**ことが指摘された。

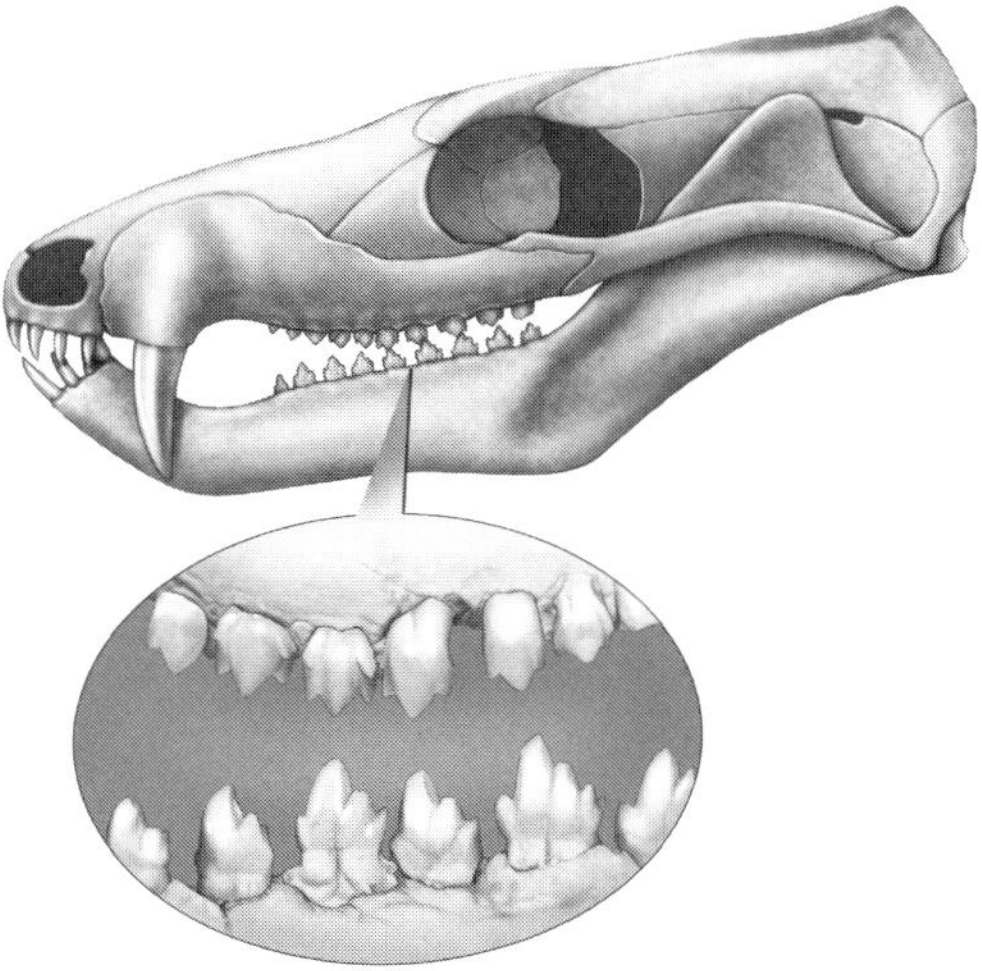

ブラジロドン
キノドン類。ブラジルに分布する三畳紀の地層から化石が発見された。下は歯化石を拡大したもの。二生歯性が確認できる歯としては、最も古い。イラスト：橋爪義弘

つまり、遅くともこの時期までに内温性が獲得されていたと、改めて確認されたのである。

矢状稜、二次口蓋、二生歯性、そして、内温性……。キノドン類の中で〝革命的に〟獲得されたこれらの特徴は、〝ヒトに至る系譜〟にしっかりと継承されていくことになる。

※哺乳形類の登場

三畳紀のうちに、キノドン類の中に「哺乳形類」が現れた。

ここで注意すべきは、「哺乳類」ではなくて、「哺乳形類」という点だ。英語では、「Mammaliaformes」。「哺乳類」を意味する「Mammalia」に、「形」を意味する「formes」がつく。厳密な意味では哺乳類ではない。

哺乳形類は、哺乳類とそのごく近縁の動物たちを含むグループだ。厳密な意味の哺乳類ではないけれども、〝広い意味の哺乳類〟ではある。そのため、一般書では哺乳形類のことも哺乳類と表記することが少なくない。あなたが読んでいるこのブル

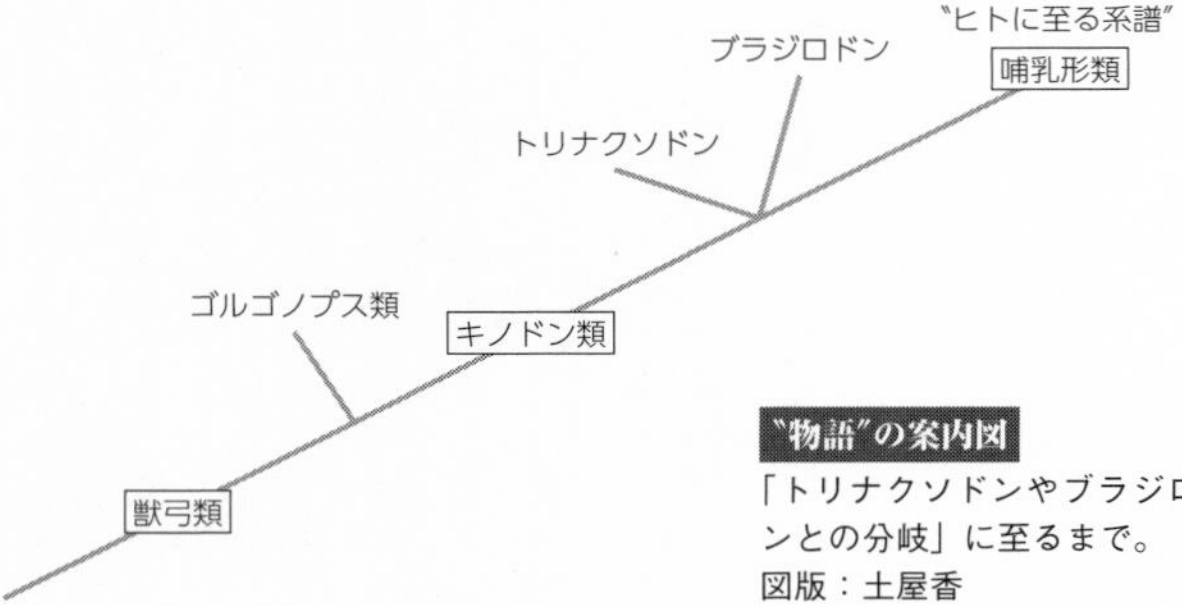

〝物語〟の案内図
「トリナクソドンやブラジロドンとの分岐」に至るまで。
図版：土屋香

ーバックスも一般書のつもりではあるけれども、本書のテーマを鑑みると、「哺乳形類」を使ったほうが話を展開しやすい。そのため、今回は、この用語を使って、物語を綴るものとする。

哺乳形類は、それまでのキノドン類と異なる点をいくつも備えていた。最たるちがいは、下顎の骨である。従来のキノドン類の下顎の骨は複数の骨で構成され、最も後ろの骨である「関節骨」が上顎の骨と関節していた。**いっぽう、哺乳形類では関節骨が縮小し、やがて誕生する哺乳類では関節骨が〝外れて〟下顎の骨は一つだけとなった。【第25の特徴】といえる。**この〝外れた関節骨〟は、消えたわけではなく、形を変えて耳の骨の一部を構成するようになるのだ。このことは、のちに哺乳類の聴力の向上につながっていく。

初期の哺乳形類には、いくつか代表的な種類がある。アメリカに分布する三畳紀後期の地層から化石が発見された「アデロバシレウス（*Adelobasileus*）」、中国のジュラ紀中期の地層から化石が発見された「メガコヌス（*Megaconus*）」、「アルボロハラミヤ（*Arboroharamiya*）」などである。

アデロバシレウスは、初期の哺乳形類であり、最古の哺乳形類の一つでもある。化石は、頭骨だけが知られている。その頭骨は小さく、わずか15ミリメートルしかない。あなたの指先を見てほしい。その指先に、そっと乗るサイズの頭骨だ。全身を含めても、片手に乗る。いわゆる、「手乗りサイズ」の動物だった。

アデロバシレウスは、「初期の哺乳形類の一つ」であるということ以外には、ほとんど情報がない。このサイズの頭骨であるから小型であったことは確かとみられており、復元される姿はネズミに似たものとなる場合が多いが、実際のところは謎だらけである。

ただし、この情報は貴重である。

「初期の種」と「最古の種」は似ている用語ではある。しかし、古生物学においては、両者は似て非なるものだ。「初期の種」は、ある生物グループにおいて原始的な特徴をもつ種を指す。いっぽう、「最古の種」は、ある生物グループで最も古い化石のある種を指す。

これは、「化石記録の不完全性」による。

まず、基本的には「古い種が原始的」である。しかし、生物の死体がすべて〝化石〟となるわけではない。化石となるためには、多くの必然と偶然が必要となる（このあたり、ご興味がある方は、技術評論社から上梓している拙著『化石になりたい』をご覧いただきたい）。そのため、ある生物グル

アデロバシレウス

哺乳形類。アメリカに分布する三畳紀の地層から化石が発見された。初期の哺乳形類の代表。

ープの「古くて原始的な種」が必ずしも化石として残っているわけではない。また、化石となっていても、現代人《私たち》に発見されなければ、認識されない。

既知の種の化石が最も古い場合で、しかし、その種の特徴が、グループとしてみたときに進化的であるケースもある。実際、「最古の種だけれども、そのグループの動物として〝完成〟しすぎていて、原始的な特徴がほとんどみられない」という事例はいくつもある。このケースの場合、「〝不完全で原始的な種〟がいたはずだけれども、その化石が残っていない、あるいは、発見されていない」ということになる。

いっぽうで、「新しい種」でも、「原始的な特徴」が残っている例も少なくない。この場合、「原始的な特徴が残ったまま世代を重ねてきた」ということになる。これもよくみることができる。

すると、「新しい時代に、原始的な特徴をもつ種がいる」ということも起こり得る。

そのため、化石で発見される古生物では、必ずしも「初期の原始的な種」と「最古の種」は一致しないのだ。

その意味で、アデロバシレウスの「初期の哺乳形類であり、最古の哺乳形類の一つ」という点は、じつはとても貴重な情報といえる。哺乳形類は、手乗りサイズの小型種から、その歴史を綴り始めたのである。ただし、あまりにも小さい化石なので、アデロバシレウス自身に関する情報そのものは多くない。

　メガコヌスとアルボロハラミヤは、もう少し情報が多い。ジュラ紀という、いささか〝新しい時代〟の哺乳形類だけれども、初期の哺乳形類の特徴がそのまま残っている。メガコヌスは全長27センチメートルほどで、アルボロハラミヤは全長35センチメートルほど。アデロバシレウスよりは大きいが、それでもあなたの左右の手のひらを水を掬《すく》うようにくっつければ、その上に乗るサイズだ。

　このうち、メガコヌスの化石には、その周囲に**体毛の痕跡が確認されている**。そのため、この化石を2013年に報告した瀋陽師範大学（中国）のチャンフー・チュウたちは、メガコヌスが体毛で覆われていたとみている。また、その痕跡は腹部にはほとんど確認できなかったことから、腹部は皮膚が直接露出していた可能性があるという。

　骨と異なり、毛は化石として残りにくい。したがって、メガコヌスのこの発見をもってして、「初期の（原始的な）哺乳形類の段階で、初めて体毛が備わるようになった」とするのは早計だろう。体毛は化石に残りにくいので、より古いキノドン類や獣弓類などが体毛で覆われていた可能性は否定し得ないのだ。

　しかし、**少なくとも初期の哺乳形類の段階までに、体毛が備わっていたことはどうも確からしいことはわかる。体毛は、【第26の特徴】といえるだろう。**なお、メガコヌスの骨格は、メガコ

メガコヌス
哺乳形類。中国に分布するジュラ紀の地層から化石が発見された。体毛の痕跡のある化石が発見されている。ハラミヤ類に属している。イラスト：柳澤秀紀

アルボロハラミヤ
哺乳形類。中国に分布するジュラ紀の地層から化石が発見された。ハラミヤ類に属している。イラスト：柳澤秀紀

ヌスが地上を歩き、時に土を掘っていた可能性を示唆するという。植物の根でも探して食べていたのかもしれない。

いっぽう、アルボロハラミヤの**手足は、「掴む」ことが可能であり（【第27の特徴】）、樹木に登ることができた**ことが示唆されている。初期の哺乳形類の生態の多様性を知る、よい例となるだろう。

なお、メガコヌスとアルボロハラミヤは、「ハラミヤ類」と呼ばれるグループに分類される。

ここまで、ハラミヤ類を「哺乳類以外の哺乳形類」とする〝伝統的な解釈〟に基づいて紹介したけれども、じつはこれがよくわかっていない。

２０２１年に雲南大学（中国）のジュンヨウ・ワンたちは、ジュラ紀中期のハラミヤ類である「ヴィレヴォロドン（*Vilevolodon*）」の化石を調べ、その耳の構造が哺乳類のものとよく似ていることを指摘している。

ワンたちの指摘が正しければ、ハラミヤ類は〝原始的な哺乳形類〟ではなく、〝哺乳類内の原始的なグループ〟とその分類が変更される。その場合、いささか話の順番が変わってくるのだが……ともあれ、現時点では、「初期の哺乳形類には、こんな動物たちがいた」という感覚でいれば、大きな齟齬《そご》にはならないだろう。

初期の哺乳形類の情報は、いささか混沌としているのだ。

混沌としている初期の哺乳形類について情報を整理しながらもう少し進めたい。

初期の哺乳形類として、かねてからさまざまな資料で紹介されてきた代表格が、「モルガヌコドン（*Morganucodon*）」だ。資料によっては、ハラミヤ類より進化的とされ、資料によっては原始的とされる。まあ、つまり、〝そのあたりの哺乳形類〟である。

モルガヌコドンは頭胴長8〜9センチメートル。あなたの手のひらにちょこんと乗るサイズである。メガコヌスとアルボロハラミヤも大きくはなかったが、この2種類と比べてもモルガヌコドンは、

ヴィレヴォロドン
ハラミヤ類。中国に分布するジュラ紀の地層から化石が発見された。その化石の研究からハラミヤ類の位置付けが議論されている。
イラスト：柳澤秀紀

かなりの小型だ。その化石はフランスとスイスの三畳紀の地層、イギリス、アメリカ、中国のジュラ紀の地層から発見されている。

モルガヌコドンの口を見ると、**臼歯と前臼歯がはっきりと分かれている**（【第28の特徴】）。異歯性が進んでいるわけだ。もっとも、臼歯は私たちのような〝臼型〟ではない。モルガヌコドンのそれは、鋭い咬頭《こうとう》がほぼ一直線状に並び、前後の咬頭は低く、中央の咬頭が高い。この形状は、モルガヌコドンが肉食性だったことを示唆している。臼歯だけれども、臼のように「すり潰す」より、ハサミのような「剪断」に向いているためだ。おそらく昆虫食だったのではないか、と複数の資料で指摘されている。

また、二生歯性であることはかねてより指摘されており、2022年にブラジロドンが報告されるまでは、モルガヌコドンが「最古の二生歯性」の有力候補だった。二生歯性ということは、肉食（昆虫食）に適した臼歯が生えそろうのは、成体になってからということになる。

では、成体になる前は、何を主食としていたのだろうか？

古脊椎動物学の教科書的な一冊として知られる『VERTEBRATE PALAEONTOLOGY』（著：マイケル・J・ベントン）の第4版（2014年刊行）では、モルガヌコドンは臼歯が生えそろうまでミルクを飲んでいた可能性が指摘されている。

哺乳類が「哺乳」を始めた時期は今なお議論があるところだ。この件については、もう少し後ろのページで行を割くので、今少しお待ちいただきたい。

さて、これまで見てきたように、初期の哺乳形類は、二生歯性以外にも、二次口蓋の形成や、耳の骨の複雑化などが特徴としてすでにある。前者は複雑な鼻腔の発達につながり、結果として、かつてのキノドン類と比較すると嗅覚も鋭くなっていたと考えられている。後者は、聴覚の発達につながっていたともされる。

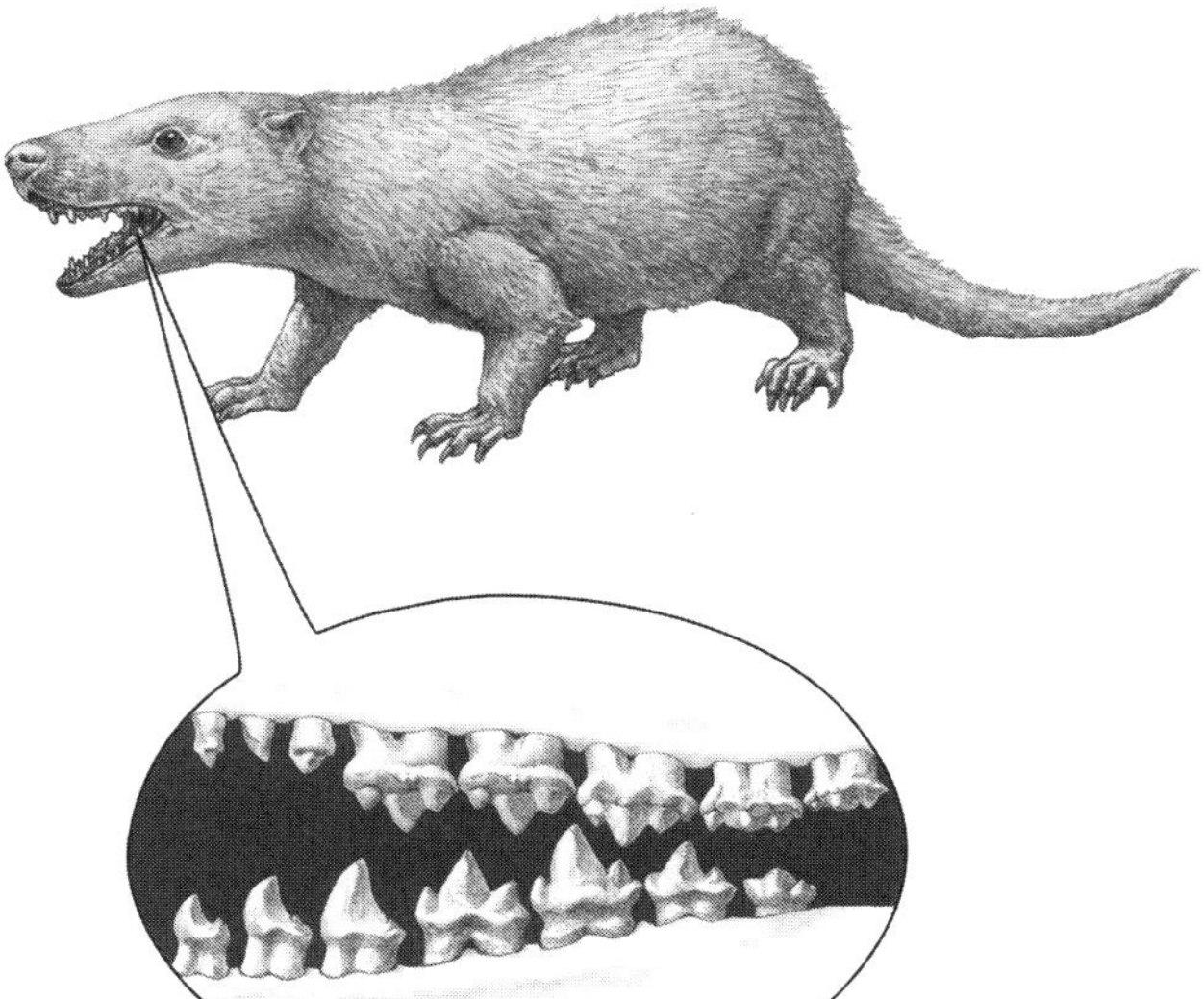

モルガヌコドン

哺乳形類。フランスとスイスに分布する三畳紀の地層、イギリス、アメリカ、中国に分布するジュラ紀の地層から化石が発見された。臼歯と前臼歯がはっきりと分かれている。イラスト：柳澤秀紀加えて、モルガヌコドンは**大きい眼窩《がんか》を備えていた（【第29の特徴】）**。「眼窩」とは、眼球がはまる孔《あな》だ。眼窩が大きいということは、眼球も大きかった可能性が高い。大きな眼球は、小さな眼球よりも集光能力が高い。こうした特徴から、モルガヌコドンは夜行性だったとの見方が有力だ。さらに、首や胴体の柔軟性が高まっていたとの指摘もあり、『VERTEBRATE PALAEONTOLOGY』では、モルガヌコドンを敏捷性《びんしょう》の高い狩人として位置付ける。

モルガヌコドンの生きていた時代は、三畳紀後期からジュラ紀中期である。恐竜類が台頭し、多様化し、世界を支配していた。そんな世界で、小型で、すばしっこいモルガヌコドンは、恐竜たちが寝静まった夜間に活動し、昆虫類を狩りながら生きていたのかもしれない。それは、まさしく伝統的に考えられてきた〝中生代の哺乳類のイメージ〟そのものといえるだろう。

かつて、世界を制した獣弓類の仲間たちからみれば、〝もどかしい子孫〟かもしれないが、それでも、モルガヌコドンのような生き様が、命脈をしっかりと残すことにつながるのである。ハラミヤ類の位置付けが微妙なところだけれども、仮にハラミヤ類が哺乳類であったとしても、モルガヌコドンの時点で、進んだ異歯性、二生歯性といった特徴が獲得されていたことは確かだ。

※舌骨を有し、地中を進み、そして、水中を泳ぐ

「舌骨《ぜっこつ》」とは、舌のつけ根にあり、舌を支える骨だ。舌骨があることにより、舌をより効果的に動かすことが可能となり、口内で咀嚼した食物を効率的に喉《のど》へ送り込むことができる。

モルガヌコドンより進化的な哺乳形類のグループである「ドコドン類」は、**進化的な舌骨を獲得している。【第30の特徴】**だ。

瀋陽師範大学（中国）のチュウたちは、2019年に中国に分布するジュラ紀の地層から全長15センチメートルほどのドコドン類、「ミクロドコドン（*Microdocodon*）」を報告した。

ミクロドコドンの姿自体は、一見するとモルガヌコドンとさほど変わらない。しかし、ミクロドコドンの口の中には、アルファベットの「U」の字に似た形状で関節構造のある舌骨があった。その形は、のちに登場する哺乳類の舌骨とよく似ている。少なくともかつてのキノドン類の舌骨とは決定的に異なる形である。かつてのキノドン類の舌骨には関節がないのだ。

チュウたちは、遅くてもドコドン類が〝ヒトに至る系譜〟と分かれるまえに、この〝進化的な舌骨〟が獲得されたとみている。

もともとドコドン類は、臼状の臼歯が発達していたことで知られている。哺乳類の臼歯と異なる形状であるため、おそらく独自に〝すり潰し能力〟のある臼歯を獲得していた。ミクロドコドンに確認された〝進化的な舌骨〟とあわせて、ドコドン類が食物をすり潰し、咀嚼をする能力を備えていたことを物語っている。パンチローリは『哺乳類前史』の中で、「このような口内での食物操作が、のちに乳首から乳を吸うことに応用されたのかもしれない」と書く。

ドコドン類は、哺乳類以外の哺乳形類の多様性を象徴するようなグループだった。ミクロドコドンこそ、これまで見てきた哺乳形類たちと姿が似ていたものの、このグループにはのちの哺乳類――新生代の哺乳類を彷彿とさせるような〝進化的な種類〟が確認されている。

そんなドコドン類から2種類を紹介しておこう。「ハルダノドン（*Haldanodon*）」と「カストロカウダ（*Castorocauda*）」だ。

ハルダノドンは、全長10センチメートルほどの大きさで、モグラのような姿の動物だった。化石は、ポルトガルに分布するジュラ紀後期の地層から発見されている。

ゼンケンベルク研究所（ドイツ）のトーマス・マーティンが2005年に発表した研究によると、四肢や骨格のつくりは、ハルダノドン

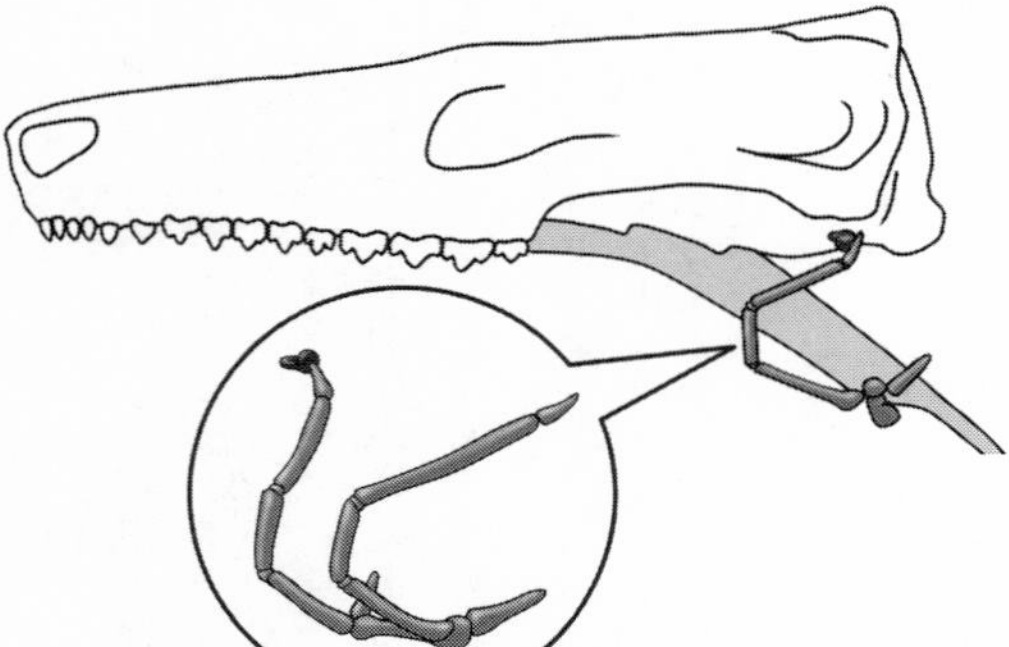

ミクロドコドン
ドコドン類。中国に分布するジュラ紀の地層から化石が発見された。その舌骨は、のちに登場する哺乳類のものとよく似ている。
イラスト：柳澤秀紀

が「スクラッチ・ディガー」だったことを示唆しているという。「スクラッチ・ディガー」とは、「掻《か》く」を意味する「scratch」と、「掘る者」を意味する「digger」からなる言葉であり、主として引っ掻き掘りをする哺乳類を指す（ハルダノドンは、哺乳類ではないけれども）。現生のモグラ類や、ハリモグラ類との類似性が指摘されている。穴を掘るのは、もっぱら前脚で、後ろ脚は地中の穴の中でからだを固定するために使われるという。また、現生カモノハシとの類似性も確認されており、マーティンはハルダノドンが湿地帯の地中に暮らす半水棲だった可能性を指摘している。

カストロカウダは、全長45センチメートル。これまでにみてきた哺乳形類の中では、かなり大型だ。中国に分布するジュラ紀中期の地層から化石が確認されている。

カストロカウダの化石のまわりには、明瞭な体毛の痕跡があった。ハラミヤ類の位置付けが微妙なところだけれども、仮にハラミヤ類が哺乳類であったとしても、哺乳類の前段階にあたるドコドン類と〝哺乳類へつながる系譜〟が分岐したその段階にはすでに、哺乳形類は体毛を備えていたことになる。

カストロカウダの大きな特徴は、その尾にあった。現生のカモノハシのような尾をもっていたのだ。すなわち、カモノハシのように水中を泳ぐことができたとされる。

地中に潜るハルダノドン、水中を泳ぐカストロカウダ。のちの哺乳類がその多様化の中で獲得

ハルダノドン
ドコドン類。ポルトガルに分布するジュラ紀の地層から化石が発見された。穴を掘って暮らしていたとされる。イラスト：橋爪義弘

カストロカウダ
ドコドン類。中国に分布するジュラ紀の地層から化石が発見された。水中を泳ぐことができたとされる。イラスト：柳澤秀紀

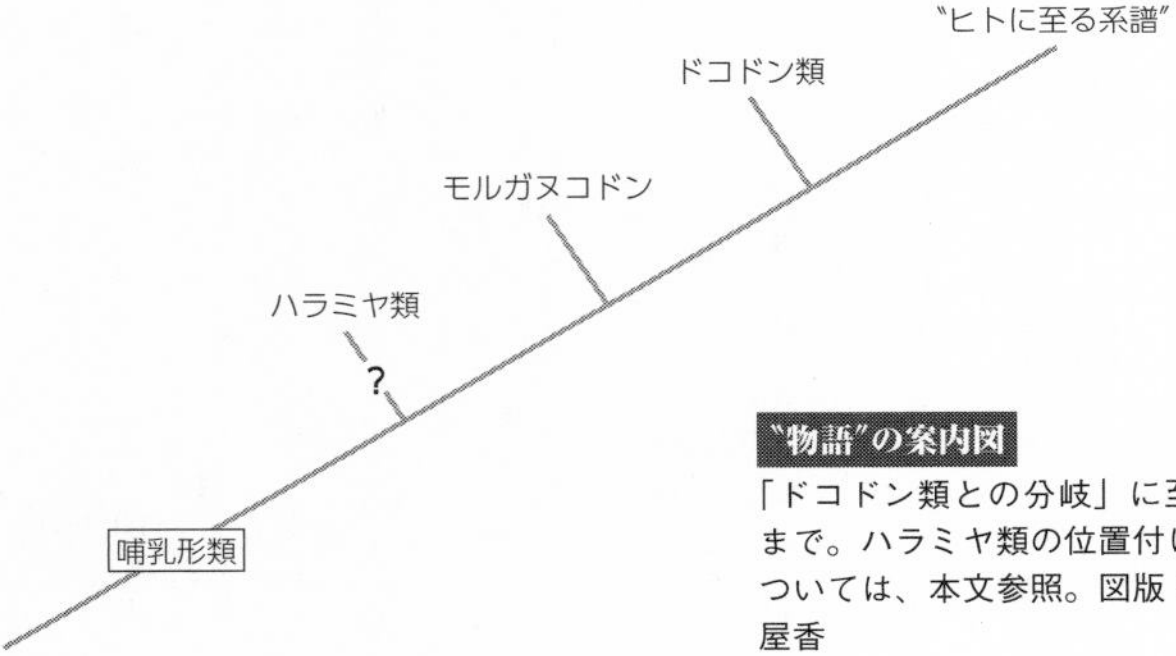

“物語”の案内図
「ドコドン類との分岐」に至るまで。ハラミヤ類の位置付けについては、本文参照。図版：土屋香

するような特徴を、ドコドン類は先んじて有していたことになる。

※小型であることが、彼らの進化を〝助けた〟のかもしれない

ここまで見てきた哺乳形類の各グループでは、下顎の骨の一部である関節骨が縮小していた。進化史の視点でこの頃の哺乳形類の下顎をみれば、それは〝移行期〟といえるかもしれない。関節骨は形を変えて、やがて耳の骨の一部になる。〝移行期の哺乳形類〟においては、関節骨やその周囲の骨は、「噛む」という顎の役割と、「聴く」という耳の役割の両方に用いられていた可能性がある。

そりゃあ、便利だ。よかった、よかった。

……と簡単にはいかない。「噛む」ことに必要なものは「パワー」だ。「噛み砕く」「噛み切る」「噛み締める」といった言葉で表現できることが示唆するように、「噛む」という行動には「パワー」が必要であり、それはそれなりに骨に負荷をかける行為である。

いっぽう、「聴く」は「繊細」だ。空気中を伝わる音の振動を、最終的には電気信号に変換して脳に伝えなくてはいけない。「傾聴」「拝聴」「静聴」など、「聴く」を表す言葉には、「パワー」は関与しない。むしろ、「聴く」にともなう動作は、「繊細さ」さえ感じさせる。

哺乳形類は、「パワー」と「繊細」という、一見すると相反するものを、どのように両立させ

ていたのだろうか？

2018年、ブリストル大学（イギリス）のステファン・ラウテンシュラガーたちは、多くの哺乳形類の顎を調べ、モデルをつくってコンピューター上で解析し、この疑問に対する〝答え〟を導いた。

それは、簡単に言えば、「小型の哺乳形類は、噛む力はさほど弱くないにもかかわらず、骨にかかる負荷はかなり弱かった」というものである。小型であれば、当然、「噛む力」は小さくなる。しかし、そのサイズから推測される顎への負荷よりも、さらに骨にかかる負荷は小さかったことが指摘されたのである。小型であることが起点となり、負荷はかなり小さかったのだという。

実際のところ、アデロバシレウス然《しか》り、モルガヌコドン然り、ミクロドコドン然り、ハルダノドン然り、カストロカウダを除けば、本書で紹介した哺乳形類だけに注目しても、その多くは小型だ。この「小型」の歴史は、その後もしばらく続いていく。

小型な哺乳形類は、〝移行期〟において、「小型であること」をじゅうぶんに活かし、負荷を軽くすることで、耳への負担も少なくして命脈をつないでいたのかもしれない。

※単孔類との分かれ

哺乳形類を構成するグループの一つとして、「哺乳類」が登場したのは、ジュラ紀から白亜紀の〝どこか〟だ。化石記録の不完全性もあり、その誕生の時期は絞り込めていない。

耳の骨と下顎の骨が離れ、哺乳類が生まれた。ただし、初期の哺乳類の耳の骨と下顎の骨は完全には分かれておらず、「メッケル軟骨」という軟骨を介して、互いに接していた。いささかややこしいこの関係は、哺乳類と哺乳類以外の哺乳形類の線引きが難しいことを示唆している。そこで、哺乳形類の中でもあるグ、い、い、ループ以降に〝登場〟したものたちが「哺乳類」と定義づけられている。

そのグループの名前は、「単孔類」。

哺乳類の歴史において、〝ヒトに至る系譜〟と最も早期に分かれたこのグループは、現在にまでその子孫を残すことに成功しているという〝長寿のグループ〟である。単孔類の現生種における代表は、カモノハシだ。そのほか、ハリモグラの仲間なども単孔類に属している（ハリモグラは、「モグラ」という名前ではあるけれども、モグラの属する「真無盲腸類《しんむもうちょうるい》」ではないので、注意が必要だ）。現生種の生息地は、オーストラリア大陸やタスマニア島など。カモノハシは川や沼などの水圏に生息し、ハリモグラは森林に生息する。なお、「単孔類」という名称は、卵も糞も尿も、すべて一つの孔から出ることに由来する。

現時点で知られている限り最も古い単孔類は、オーストラリアに分布する白亜紀前期の地層から化石が発見されており、「テイノロフォス（*Teinolophos*）」と名づけられている。

テイノロフォスは、数センチメートルサイズの部分化石のみが知られている。ただし、その部分化石の中に下顎の化石があり、その下顎の化石の内部に吻（口先）に伸びる太い孔が確認された。この孔には、電気信号を感じることができる神経が通っていたとみられている。

現生のカモノハシは、その特徴的な広いクチバシで、電気信号を感じることができる。これによって、濁った水中でも獲物を捕捉することが可能となっている。動物が運動する際に、微弱ながらも電気信号を発するからだ。

知られている限り最古の単孔類であるテイノロフォスが、現生種と同じ〝能力〟をもっているということは、その〝能力〟のない、もっと古い単孔類がいたはずだ、と古生物学では考える。進化の基本は〝ゆっくり〟であり、「一足飛びにその特徴が確認される」ことはない、とされる。世代を重ね、小さな変

テイノロフォス
単孔類。オーストラリアに分布する白亜紀の地層から化石が発見された。知られている限り、最も古い単孔類。イラスト：柳澤秀紀

化が受け継がれて、大きな特徴として現れる。したがって、すでに「確たる特徴」がある場合、その特徴が獲得されるまでの〝準備段階〟の生物がいたはずである。ただし、そうした生物の化石は珍しく、しばしば「ミッシングリンク《進化の連続性の欠損部》」と呼ばれている。ちなみに、２０２１年にコペンハーゲン大学（デンマーク）のヤン・チュウたちが発表したゲノム解析によると、単孔類が他の哺乳類と分かれたその時期は、約１億８７６０万年前のことであるという。ジュラ紀前期の話であり、テイノロフォスの登場よりも数千万年古い。

さて、単孔類は、〝ヒトに至る系譜〟と早期に分かれたグループである。そして、〝人類に連なる物語〟の視点でみると、単孔類は重要な特徴を有している。

彼らは、「卵生」なのだ。

殻のついた卵を産んで増えていくのである。

本書でこれまでみてきた生命史を思い出してみてほしい。水中で生まれた脊椎動物の始祖は、四肢と二つの肺、そして「硬い殻の卵」を獲得して、陸上（内陸）で暮らすようになった。このときからずっと、祖先たちは「卵生」だったとみられている。

そして、少なくとも単孔類が〝ヒトに至る系譜〟と分かれたそのときまでは、この繁殖方法は継承されていた。……正確にいえば、卵生を示す証拠も、胎生を示す証拠も乏しいために断言することは難しいけれども、**現生の単孔類を見る限り、彼らと分かれるときまでは、私たちの祖先**

も卵生だった可能性が高い。もしも、途中で胎生になったのだとすれば、卵生から始まった祖先が胎生になったのち、「再び卵生に戻った」と考えることになるからだ。基本的に進化は不可逆なものと考えられているため、このシナリオは考えにくい。もっとも、その後、胎生のグループが登場するまでに現れた哺乳類たちが、卵生だったのか、胎生だったのかについては、未だ謎に包まれている。

もう一つ、単孔類と〝ヒトに至る系譜〟の分岐の時期に関連するトピックが、「乳腺の獲得」である。つまり、「哺乳」の開始だ。

2010年、ディーキン大学（オーストラリア）のクリストフ・M・ルフェーヴルたちが、子に乳を与える現生哺乳類の3グループ——単孔類、有胎盤類、有袋類のミルク成分を分析し、ある種のタンパク質がこの3グループに共通していることを見出した。

このことは、単孔類、有胎盤類、有袋類の共通祖先の段階

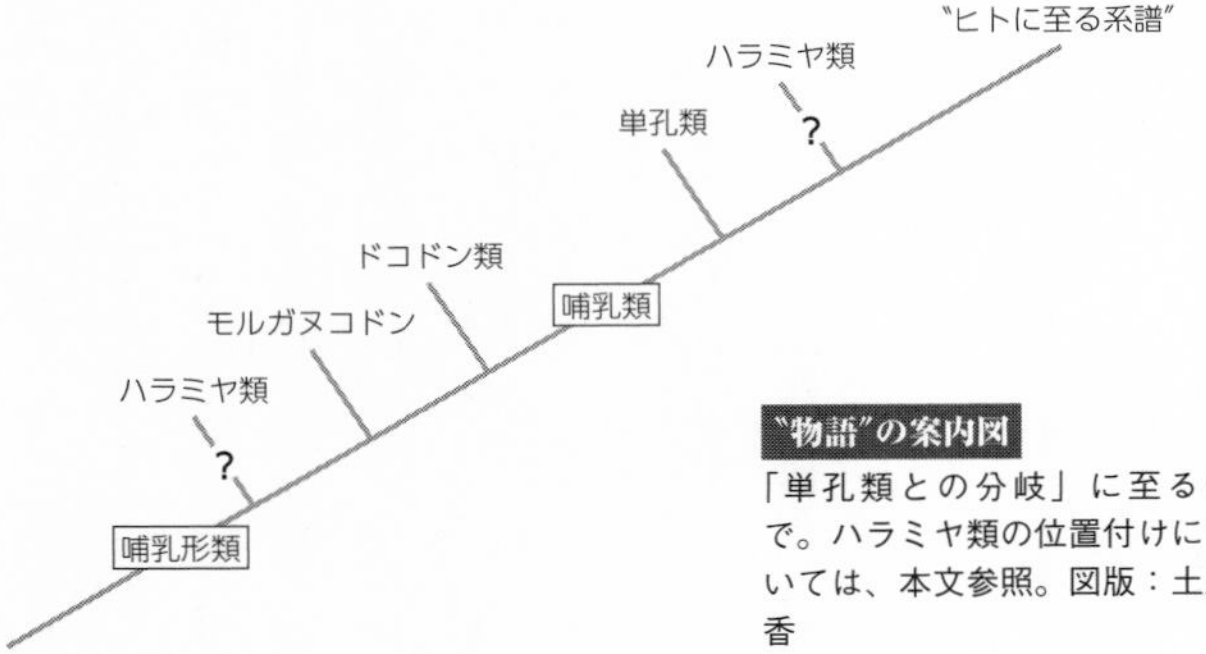

〝物語〟の案内図
「単孔類との分岐」に至るまで。ハラミヤ類の位置付けについては、本文参照。図版：土屋香

で、そのタンパク質を含むミルクが獲得されていたことを示唆している。つまり、**単孔類と〝ヒトに至る系譜〟の分岐までに、乳腺が発達し、哺乳を開始していた可能性が高いということになる。ここで乳腺の発達を【第31の特徴】としておこう。**

前章で、古生代の単弓類の段階で汗腺が獲得されていたというオフテンダルの仮説を紹介した。オフテンダルの仮説が正しいとすれば、古生代の単弓類から、単孔類と〝ヒトに至る系譜〟の分岐があったとされるジュラ紀の前期までのどこかで、汗腺から乳腺が発達したことになる。それは、まさに、「単孔類と〝ヒトに至る系譜〟の分岐のあったタイミング」かもしれないし、「二生歯性を獲得したモルガヌコドンのような初期の哺乳形類の段階」だったのかもしれない。「哺乳」は、哺乳類の根幹たる特徴の一つだけれども、今のところ、その獲得の時期までは、絞り込めていない。乳腺は複雑な構造なので、一朝一夕に一足飛びで獲得されたものではなく、少しずつ汗腺から発達していったのではないか、ともされている。

※歯の多様化

異歯性である哺乳類において、とくに臼歯にはさまざまな形がある。その形状は、専門家がみれば、種さえも特定できるというほどの〝固有性〟である。

種レベルの〝固有性〟とまではいかなくても、本書を読み進めるにあたっては、臼歯のいくつかのタイプを知っておきたいところだ。**本書のテーマで、【第32の特徴】としてとくに注目すべき臼歯は、「トリボスフェニック型」と呼ばれるタイプである。**「すり潰す」の意味のある「トリボ」と、「切り裂く」の意味のある「スフェン」に由来する言葉だ。「トリ（tri）」が「3」を意味するものではないことに注意が必要だ。この言葉の通り、トリボスフェニック型の臼歯には、「すり潰す」と「切り裂く」の両方の役割がある。

　トリボスフェニック型の基本形は、三つの咬頭だ。上顎のトリボスフェニック型臼歯では、この三つの咬頭が三角形となり、その間に谷状構造がある。下顎のトリボスフェニック型臼歯では、さらに三つ、つまり合計六つの咬頭があり、その間に谷状構造がある。この複雑な構造が、「すり潰す」と「切り裂く」の両方を可能にしている。

　単孔類の臼歯は、このトリボスフェニック型臼歯、あるいは、それによく似たものだった。

　単孔類ののちに〝ヒトに至る系譜〟と袂を分かつグループには、臼歯の横幅が狭く、三つの咬頭が一直線に並んだ〝剪断仕様のグループ〟（真三錐歯類《しんさんすいしるい》）や、低い突起が列をつくって並んでいる〝すり潰し仕様のグループ〟（多丘歯類《たきゅうしるい》）、咬頭が二等辺三角形をつくって並ぶグループ（スパラコテリウム類）などがいる。

　そして、〝ヒトに至る系譜〟の臼歯は、トリボスフェニック型である。

　哺乳類において最も原始的なグループである単孔類と、私たちが同じような臼歯をもっているということの事実は、臼歯の形状はそれぞれのグループで独立して進化した結果として、単孔類と〝ヒトに至る系譜〟の二つのグループで似た形状になったと考えられている。これは、いわゆる「収斂《しゅうれん》進化」と呼んで良いのかもしれない。「収斂進化」とは、異なる二つのグループで、進化の結果として形態が似ることをいう。

いずれにしろ、臼歯の多様化は、中生代の哺乳類を大いに〝盛り上げ〟た。中生代の哺乳類は、見た目はさほど目立たず、ちがいがないかもしれないけれども、口の中では革新的な進化が進んでいたのである。

※中生代哺乳類の繁栄の象徴

「真三錐歯類」は、単孔類の次に〝ヒトに至る系譜〟と分かれたグループである。臼歯の横幅が狭く、三つの咬頭が一直線に並んでいる。ジュラ紀中期から白亜

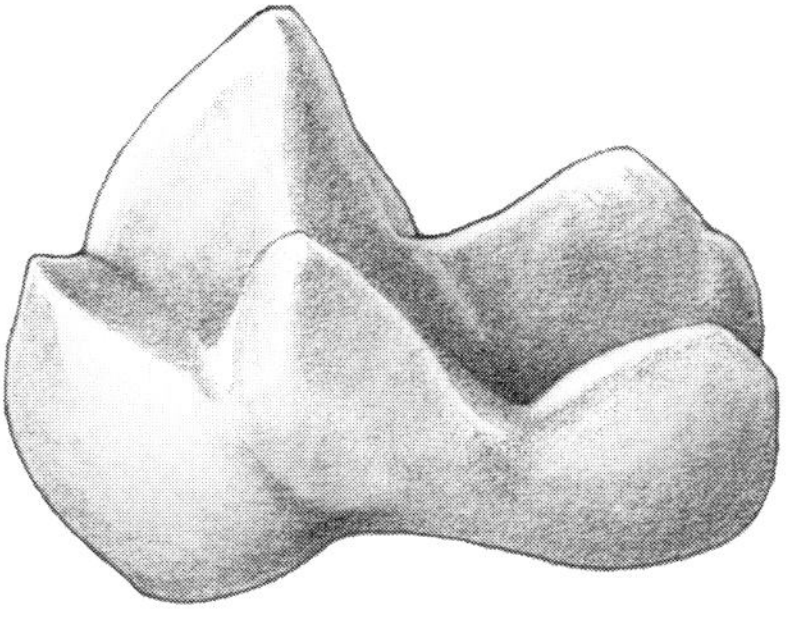

トリボスフェニック型臼歯
「すり潰す」と「切り裂く」の両方の役割をもつ。真獣類の臼歯の〝基本形〟となった。イラスト：柳澤秀紀

紀の半ばすぎにかけて隆盛し、主として北半球の大陸を席巻した。

本書執筆時点で知られている最小の真三錐歯類・最大の真三錐歯類の2種類を紹介しておこう。

まずは、最小の真三錐歯類――「ジェホロデンス(*Jeholodens*)」である。頭胴長はわずか8センチメートルほどだ。肩の骨格が発達しており、地面を掘ることができたとみられている。ただし、地中生活者というわけではなかったらしい。典型的な昆虫食性で、白亜紀前期の中国に生息していた。

最大の真三錐歯類――「レペノマムス(*Repenomamus*)」は、中生代における最大の哺乳類でもある。哺乳形類のレベルでみたときにも、最も大きい。そのサイズは、頭胴長80センチメートルほど、体重は14キログラムと推定されている。

先ほどからスケールがわりに登場させている我が家の

ジェホロデンス
真三錐歯類。中国に分布する白亜紀の地層から化石が発見された。
イラスト：柳澤秀紀

恐竜を襲うレペノマムス
真三錐歯類。中国に分布する白亜紀の地層から化石が発見された。当時の哺乳類としては大型であり、恐竜を襲っていたことで知られる。中生代哺乳類の「隆盛の象徴」といえる存在。イラスト：柳澤秀紀

シェットランド・シープドッグのサイズは、頭胴長が75センチメートル、体重は9キロ弱である。ラブラドール・レトリバーと比べると可愛らしいサイズだし、実際のところ、睡眠中の筆者の上に乗られてもさほど重くない。片手でも持つことができる。しかし勢いよく突進されればそれなりに痛いし、本来は牧羊犬である。

レペノマムスは、そんなシェットランド・シープドッグをやや上回る体格の持ち主で、しかもシェットランド・シープドッグよりもがっしりとしていた。大きな顎には鋭い歯が並ぶ。昆虫食というよりも、「肉食の歯」だ。

実際、中国に分布する白亜紀前期の地

層から発見されたレペノマムスの化石の胃があったとみられる場所からは、植物食恐竜の幼体の化石が発見されている。その幼体化石は、胴体が切断されていた。どうやら捕らえた幼体のからだを適当な大きさに嚙み切って、一飲みにしていたらしい。

そして2023年には、植物食恐竜を襲ったその瞬間のポーズのまま、植物食恐竜とともに化石となった標本も報告された。自分よりもからだの大きな相手に襲いかかることは、それなりにリスクのある行為である。一定以上の〝自信〟とそれを裏付ける〝能力〟が必要だろう。レペノマムスにはそれがあった。

レペノマムスの存在は、中生代の哺乳類が「恐竜類から逃げるだけの存在」ではなかったことを物語る一例だ。中生代哺乳類における「隆盛の象徴」ともいえるかもしれない。

また、こうした真三錐歯類に近縁な種として、現生のツチブタのように地中に穴を掘り、おそらくアリを食べていただ

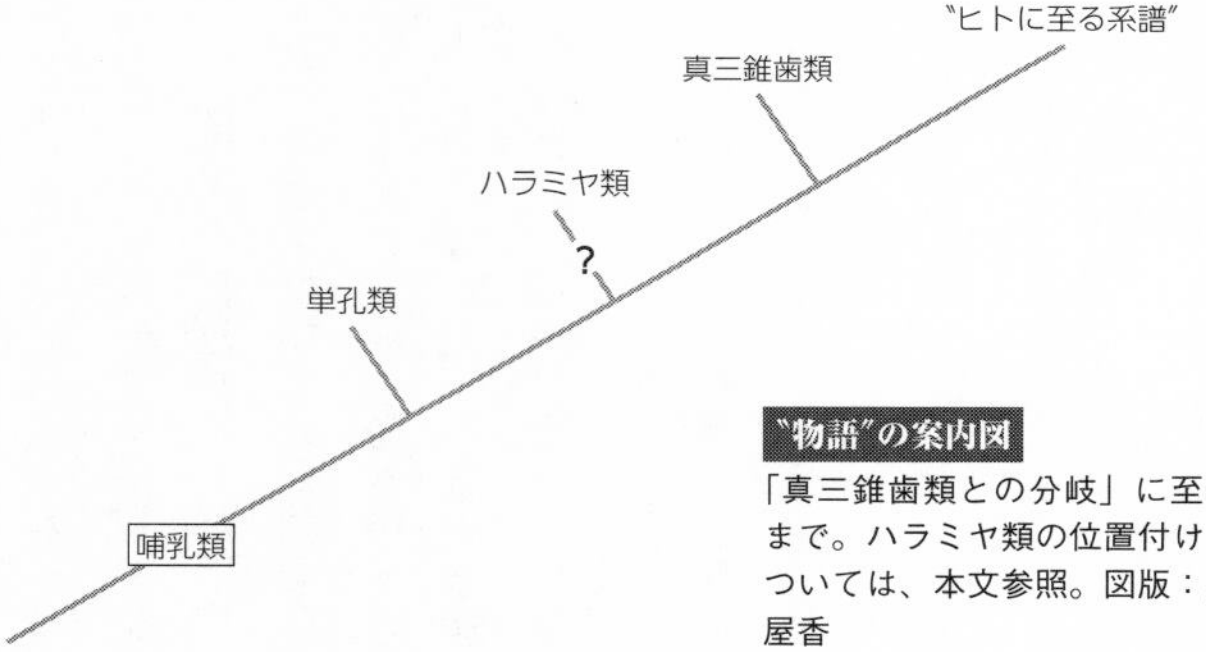

〝物語〟の案内図

「真三錐歯類との分岐」に至るまで。ハラミヤ類の位置付けについては、本文参照。図版：土屋香

ろうとみられる「フルイタフォッサー（*Fruitafossor*）」や、現生のアメリカモモンガのような皮膜を備え、おそらく滑空することができたとみられる「ヴォラティコテリウム（*Volaticotherium*）」などもいた。前者は真三錐歯類よりやや原始的とされ、頭胴長は6〜7センチメートル、アメリカに分布するジュラ紀後期の地層から化石が発見されている。後者（の祖先）は真三錐歯類と同時期に登場したとされ、全長13〜14センチメートルで、中国のジュラ紀中期の地層から化石が発見されている。

中生代哺乳類における多様化と、さまざまな〝進出〟がわかる。恐竜類ばかりが注目される時代だけれども、哺乳類もそれなりに繁栄していたのだ。

❋社会性のはじまり

真三錐歯類が〝ヒトに至る系譜〟と分かれた頃、真三錐歯類と似たような〝規模〟の哺乳類グループも〝ヒトに至る系譜〟と袂を分かっていた。

そのグループの名前を、「多丘歯類」という。

このグループの臼歯は、低い突起が列をつくって並んでいる。その列は、上顎の臼歯で3列あり、下顎の臼歯で2列あった。まさに〝丘〟の多い歯である。このタイプの歯は、食物をすり潰すことに使われていたとみられている。多丘歯類には、この独特の臼歯の他にも、下顎の門歯が

フルイタフォッサー
真三錐歯類に近縁。アメリカに分布するジュラ紀の地層から化石が発見された。穴を掘って暮らしていたとされる。イラスト：柳澤秀紀

ヴォラティコテリウム
真三錐歯類に近縁。中国に分布するジュラ紀の地層から化石が発見された。樹木の間を滑空していたとされる。イラスト：柳澤秀紀

前方に向かって伸びるという特徴もあるため、「中生代の齧歯類」とも呼ばれている。ジュラ紀の半ばに登場し、ジュラ紀末に数を減らしたものの、白亜紀になってその多様性を回復させ、とくに白亜紀の末期に隆盛を誇った。現在までその命脈を残してはいないものの、白亜紀末の大量絶滅事件を乗り越えた数少ない哺乳類グループの一つでもある。

そんな多丘歯類の中で、全長10センチメートルほどの「フィリコミス（*Filikomys*）」を紹介しておこう。しっかりとした前脚を特徴とし、その化石はアメリカに分布する白亜紀後期の地層から発見されている。

フィリコミスは、「社会性をもつ哺乳類」として、知られている限り最も古い存在だ。発見されたフィリコミスの化石は、1個体だけではなかった。32平方メートルという、日本の学校の教室よりもやや狭い場所から、多数の化石が確認された。

その状況が特殊だった。「複数個体」が、「異なる深さ」でまとまっていたのだ。ある深さには、亜成体3個体と成体2個体の化石が同じ場所で発見され、別のある深さでは、亜成体2個体と成体2個体の化石が同じ場所から発見された。他にも、亜成体と成体が1個体ずつ、といった例も確認されている。

この化石を2020年に報告したワシントン大学（アメリカ）のルーカス・N・ウィーヴァーたちによれば、この化石の産出状況は、この地域に多数つくられた「地中の巣」を示していると

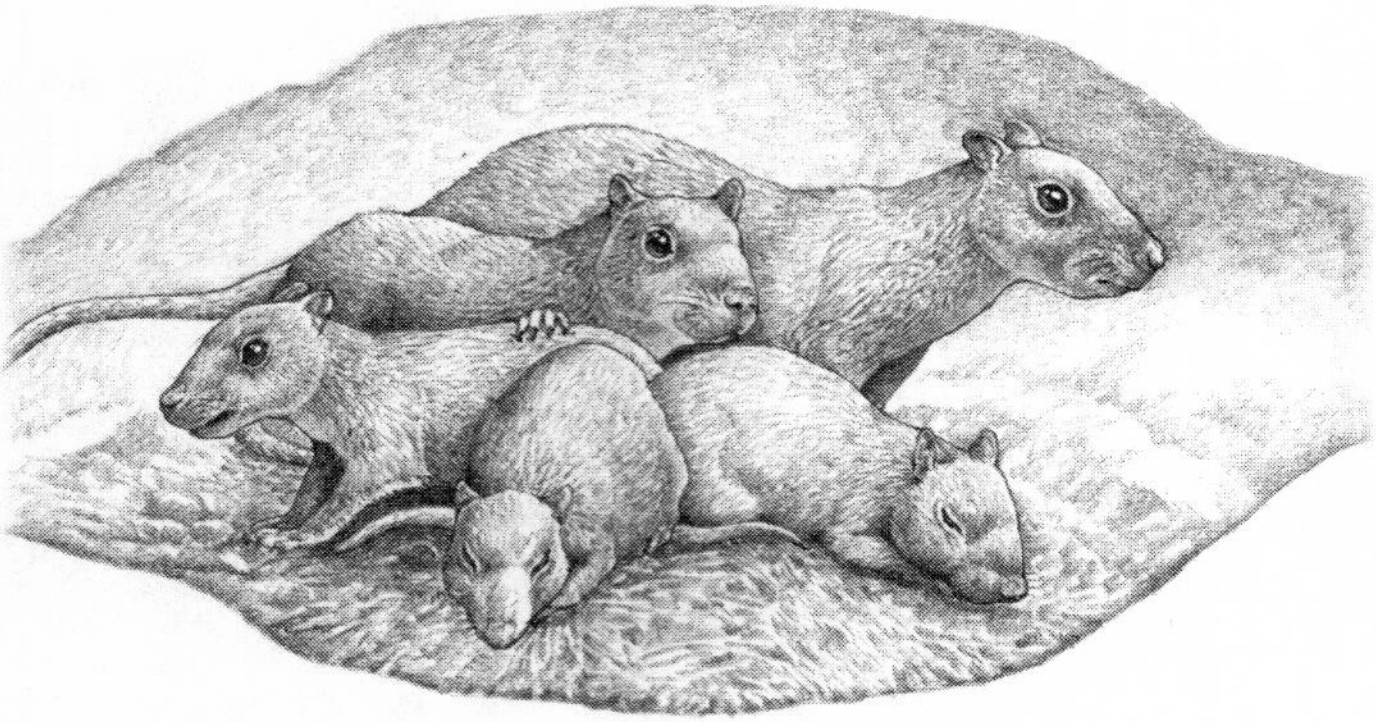

フィリコミス
多丘歯類。アメリカに分布する白亜紀の地層から化石が発見された。社会性があったとされる。イラスト：柳澤秀紀

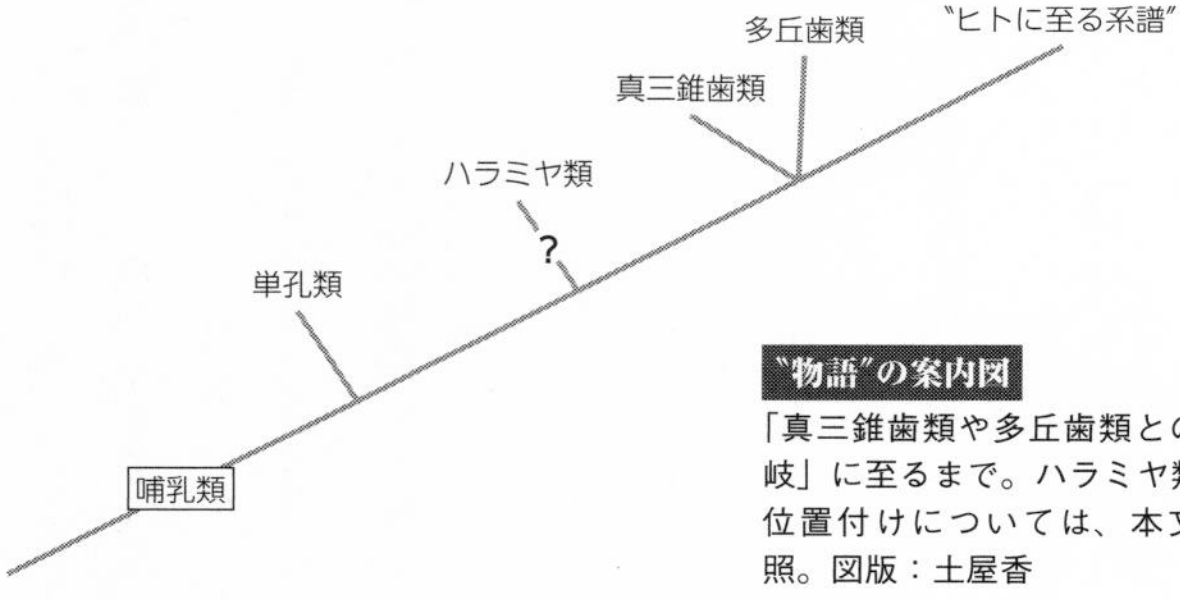

〝物語〟の案内図
「真三錐歯類や多丘歯類との分岐」に至るまで。ハラミヤ類の位置付けについては、本文参照。図版：土屋香

いう。この地域には、同一種が、一定の範囲内でまとまって暮らしていたのだ。

すなわち、これは、「社会性」であると、ウィーヴァーたちは考えている。

本書でこれまで紹介してきた古生物たちには、実は基本的に社会性が確認されていない。強いて言えば、冒頭で紹介した無顎類「ハイコウイクチス」は多数の群れを組んでいたし、ペルム紀の獣弓類の〝親戚〟には、複数個体で地中に巣穴を掘って暮らしていたものもいた。

しかし、ハイコウイクチスのそれは、レオ・レオニ作の絵本、『スイミー』で示唆されるような〝防衛行動〟だろうし、獣弓類の〝親戚〟については、社会性といえるほどの規模があったのか、よくわかっていない。

中生代に入ってから登場したキノドン類などに関して社会性の証拠といえるものは確認されていない。ウィーヴァーたちがフィリコミスを報告するまでは、哺乳類の社会性は恐竜類の絶滅後に獲得されたものと考えられていた。

ウィーヴァーたちによると、**フィリコミスの例は、〝異なる世代が集まった哺乳類集団〟の最古の例であり、哺乳類の集団営巣の最古の例であり、哺乳類における地中の巣の最古の例であるという。**

フィリコミスの属する多丘歯類は、ヒトの属さないグループではあるけれども、**姿形の似た多丘歯類に社会性があったのであれば、のちに現れる〝ヒトに連なる系譜〟の〝直系祖先〟も、こ**

の時点までに社会性をもっていても不思議ではないだろう。社会性……これを【第33の特徴】としておきたい。

なお、白亜紀という時代はとても温暖だった。温暖化を肌で感じる現代が、涼しく感じるような気温だった。そんな「地下で暮らす」ことは、彼らに快適な空間を提供していたのかもしれない。

※聴覚と咀嚼の完全分離

さまざまな哺乳類が世界を彩っていく中で、頭骨が2センチメートルほどの「オリゴレステス（*Origolestes*）」という小型の哺乳類が登場した。化石は、中国に分布する白亜紀前期の地層から発見されている。

どことなくネズミ、あるいはリスに似た……つまり、中生代の小型哺乳類としては〃よく見る多数派の姿〃のオリゴレステスには、これまでに紹介してきた哺乳類とは大きく異なる点があった。

耳の骨と下顎の骨が完全に分かれていたのだ。

ついに、である。

かつてのキノドン類たちの下顎の骨では、複数の骨と耳の骨がつながっていた。そして、登場した初期の哺乳形類ではつながる骨が縮小した。ここまで紹介してきた哺乳類も、実は、「メッケル軟骨」という軟骨を介して、互いに接していた。

しかしオリゴレステスにおいては、耳をつくる骨と下顎の骨は完全に分離しているのである。

オリゴレステスの化石を2020年に報告した中国科学院古脊椎動物与古人類研究所（中国）のファンユアン・マオたちは、この骨の変化は単純に骨だけの変化に限定されるものではなかったことを指摘した。筋肉も伴っていたというのである。すなわち、かつて、咀嚼に用いられていた筋肉が「中耳」と呼ばれる空間を作り出すことで、外から入ってくる音を減衰させ、蝸《か》牛《ぎゅう》、前庭《ぜんてい》、三半規管といった重要器官の並ぶ「内耳」を保護する役割を担うことになったという。

マオたちは、この変化が哺乳類の進化の過程で重要だったことを強調している。**下顎と耳が完全に分かれたことで、顎は「咀嚼」に“専念できる”ようになった。【第34の特徴】としておきたい。**

オリゴレステス
獣類に近縁。中国に分布する白亜紀の地層から化石が発見された。イラスト：柳澤秀紀

これにより、より複雑なつくりの歯の形成や顎の〝改良が促される〟ことになる。耳は「聴覚」に〝専念できる〟ようになる。とくに高周波の音を聞きやすくなったという。

振り返れば、〝人類に連なる物語〟で〝大きな飛躍《ブレイクスルー》〟を生むことになった進化の多くは、〝分業化〟だった、といえるかもしれない。

口の中の位置によって、異なる形の歯を有する異歯性の発達は、かつて、ディメトロドンやイノストランケヴィアなどの〝覇者級〟を生み出し、その後も哺乳類の進化の基本となった。

鼻と口を分けた二次口蓋の発達は、キノドン類の発展に大きな役割を果たした可能性がある。

そして今、咀嚼と聴覚は完全に分離した。

進化における〝分業化〟、あるいは、〝特化〟、もしくは、〝専門化〟……。こうした変化が、〝人類に連なる物語〟では、しばしば重要な局面で起きていた。

その先に登場したのが、「獣類」である。

❈真獣類の登場

トリボスフェニック型の臼歯をもち、聴覚と咀嚼を独立させた獣類は、次の二つのグループで構成されている。

ヒトを含むグループである「真獣類」と、カンガルーに代表される「後獣類」だ。

真獣類という言葉は「有胎盤類」と、後獣類という言葉は「有袋類」とそれぞれほぼ同義である。「ほぼ」というのは、とくに中生代の真獣類においてははっきりとした胎盤が化石で確認されていないため、生命史を綴る場合は、より正確な意味を込めて「真獣類」と表記されることが少なくないからだ。この場合、おそらく胎盤の未発達な真獣類もいたともされ、厳密には、「有胎盤類とその近縁種からなるグループ」が「真獣類」となる。同じように、後獣類も「有袋類とその近縁種からなるグループ」となる。

知られている限り最も古い獣類の化石は、「ジュラマイア(*Juramaia*)」だ。その化石は、中国に分布する約1億6000万年前――ジュラ紀後期の地層から発見された。

発見された化石は前半身のみ。そのサイズは、5センチメートルほどだった。後半身の化石はみつかっていないけれども、おそらく全長は15センチメートルに満たないだろう。つまり、これまでみてきた中生代の哺乳類と比べて〝並の体格〟であ

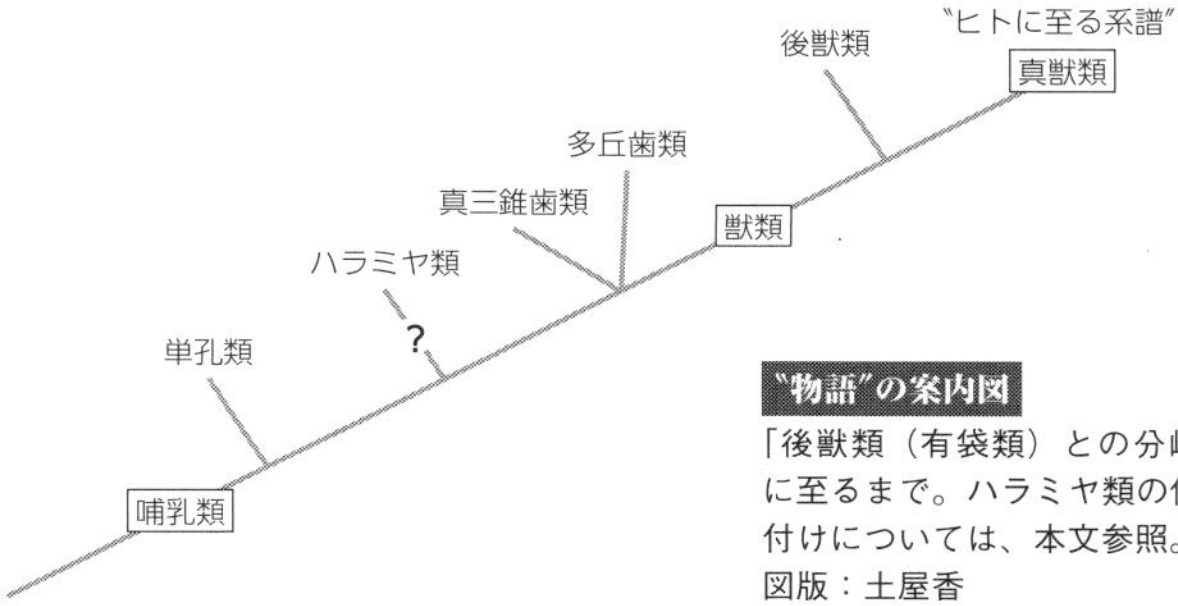

〝物語〟の案内図
「後獣類（有袋類）との分岐」に至るまで。ハラミヤ類の位置付けについては、本文参照。
図版：土屋香

る。

ジュラマイアの見た目は、〝典型的な中生代哺乳類〟だ。ちんまりとしていて愛らしささえ感じてしまう。そんな姿である。この化石を2011年に報告したカーネギー自然史博物館（アメリカ）のツェシー・ルオたちによると、この獣類は「真獣類」であるという。そして、前足の指の特徴から、樹上生活をしていたことが指摘されている。「樹上生活の哺乳類」は、現在でこそ珍しくはないが、当時はさほど多くなかったとみられている。

真獣類の歴史は、樹上で暮らす

ジュラマイア
真獣類。中国に分布するジュラ紀の地層から化石が発見された。〝物語〟は真獣類へ……。イラスト：柳澤秀紀

少数派としてスタートしたのかもしれない。

樹上性は、その後の真獣類にも引き継がれた。中国の約1億2500万年前――白亜紀前期の地層からは、頭胴長約10センチメートル、尾まで含めた全長は約16センチメートルという真獣類の化石が発見されている。こちらの名前を「エオマイア（*Eomaia*）」という。手足の指が長く、樹上生活に適していた。

ちなみに、この二つの初期真獣類の名前に共通する「マイア（*maia*）」という言葉は、ギリシア語の「母」や「良母」という意味であり、もともとは、ラテン語の「増加をもたらすもの」という意味にちなんでいる。「ジュラマイア」には「ジュラ紀の母」、「エオマイア」には「暁の母」という意味がある。私たち真獣類の「母なる存在」として、実にふさわしい名前と

エオマイア
真獣類。中国に分布する白亜紀の地層から化石が発見された。
イラスト：柳澤秀紀

いえるだろう。ただし、報告されている個体の性別についてはわかっておらず、実際に母（雌）であったかどうかは、不明である。仮に、雄であったとしても、これは種（正確には属）についた学名なので、「マイア（母）」である。

かくして、ジュラ紀後期には〝ヒトに至る系譜の本流〟が出現したことになる。しかし、中生代の終わりまで、我らが真獣類が目立った存在になることはなかった。2023年にブリストル大学（イギリス）のエミリー・カーライルたちがモデルをつくって分析をしたところ、真獣類の起源は中生代にあっても、彼らの多様化が本格化したのは、中生代が終わったのちである可能性が高いという。なお、このモデルでは、真獣類の起源は白亜紀にあるとしており、ジュラ紀に生息していたジュラマイアという矛盾を内包している。モデルか、ジュラマイアの所属か、どちらかが誤っている可能性がある。

いっぽう、最も古い後獣類の化石は、エオマイアと同じ時代に同じ地域に生息していた「シノデルフィス（*Sinodelphys*）」のものだ。頭胴長10センチメートルほどで、エオマイアと同じサイズ、同じような姿をしており、そして、同じように樹上性だったとみられている。

後獣類もまた中生代の間は、さほど目立つ存在ではない。中生代という時代、哺乳形類（哺乳類だけではない。哺乳形類だ）は多様化し、さまざまな形態と生態を得ていたけれども、獣類の2グループは、慎ましやかな存在だったようだ。

ただし、2018年に雲南大学（中国）のシュンドン・ビたちが発表した研究によると、シノデルフィスは後獣類ではなく、真獣類であるという。この場合、後獣類登場のタイミングも再検討されることになる。その結果、最古の後獣類が登場するのは、さらに数千万年のちになる。

さて、現生の真獣類（有胎盤類）の多くには「妊娠期間が長く、赤ん坊の期間が短い」という特徴がある。たとえば、ヒトの場合では、いわゆる「10月10日」（実際は、9ヵ月と少し）と格段に長いけれども、イヌの場合でも、約2ヵ月の妊娠期間がある。

こうした特徴は、真獣類だけの特徴なのかといえば、どうにもそうではなかった可能性が指摘されている。2022年にワシントン大学のルーカス・N・ウィーヴァーたちが発表した研究によると、多丘歯類も「妊娠期間が長く、赤ん坊の期間が短い」という戦略をとっていた可能性が高いという。つまり、**「妊娠期間が長く、赤ん坊の期間が短い」という特徴**（**【第35の特徴】**）**は、多丘歯類と獣類が袂を分かつ前に獲得された可能性が高い**。なお、現生の後獣類（有袋類）には「妊娠期

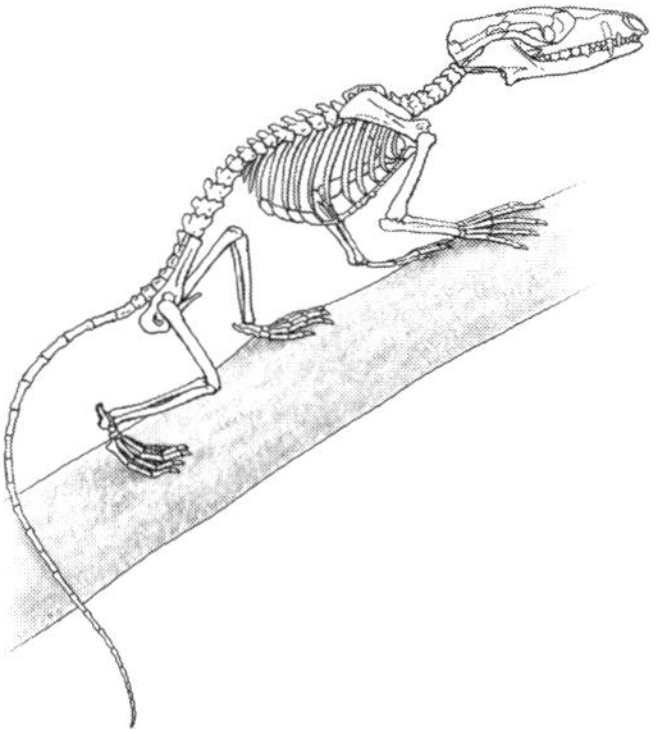

シノデルフィスの骨格のイラスト
後獣類。中国に分布する白亜紀の地層から化石が発見された。イラスト：柳澤秀紀

間が短く、赤ん坊の期間が長い」という特徴がある。これは、のちに後獣類が独自の戦略によって獲得した可能性がある。

もっとも、こうした繁殖戦略は、それぞれのグループで独立して獲得されていったとの見方もあり、むしろ伝統的にはそのように考えられている。このあたりは、まだ謎は多い。そもそもの話として、多丘歯類や初期の獣類が卵生であったのか、それとも、胎生であったのかについても、答えが出ていないのだ。

❋再び大量絶滅事件

約6600万年前、直径約10キロメートルの巨大な隕石が、メキシコのユカタン半島の先端付近に落ちた。

直径「約10キロメートル」という大きさは、あまりピンとこないかもしれない。このサイズは、現代日本でいえば、東京を走る鉄道の環状線——山手線の内側が近い。なにしろ、日常的に暮らしていて、そうそう見るサイズではない。池袋駅と品川駅の直線距離が約11・5キロメートルだ。大阪でいえば、新大阪駅と天王寺駅の直線距離が約9・8キロメートルである。あるいは、「富士山3個分の高さ」と表現した方が伝わるだろうか。

ともかくもこの巨大隕石の衝突により、落下地点では直径180キロメートルにわたって地球表層がえぐられたという。もしも東京駅付近にこの規模の隕石が落ちたとしたら、南関東は瞬時に消滅することになる。

えぐられた地球表層は、細かな粒子となって、全地球規模の大気にばらまかれた。その結果、地表に届く日光が遮られ、寒冷化が始まり、植物が枯れ、植物を食べていた動物も、植物食動物を食べていた肉食動物も姿を消していく。

いわゆる「衝突の冬」の到来だ。

ノースウェスタン大学のスコテーゼたちが2021年に発表した論文では、このとき、地球の平均気温は6℃下がったという。現代日本の東京でいえば、7月の最高気温の平年値と、5月の最高気温の平年値の差にほぼ等しい。

再び大量絶滅事件の勃発となった。ハワイ大学のスタンレイが2016年にまとめた論文によると、このときの海棲動物の種の絶滅率は、68パーセント。陸棲動物の絶滅率は算出し難いところだけれども、鳥類をのぞく恐竜類、翼竜類などさまざまな分類群が姿を消した。

中生代を通じて、哺乳類は進化を重ね、現在のヒトがもつ特徴を一つ一つ獲得してきた。

古生代末の大量絶滅事件を乗り越えたキノドン類は、小型でありながらも明瞭な奥歯（第20の特徴）をもち、発達した矢状稜（第21の特徴）を備え、強い噛む力をもち、そして、二次口蓋

（第22の特徴）によって効率的に食事ができた。四肢の直立性も増し（第23の特徴）、効率的な歩行ができるようになった。

やがて異歯性もそれまでの仲間たちより発達し、そして、二生歯性（第24の特徴）で高性能な歯を備え、ひょっとしたら内温性もあった。

そんなキノドン類から登場した哺乳形類では、下顎の骨と耳の骨が分かれ、進化したグループでは、ほぼ完全に「咀嚼」と「聴覚」が別に機能するようになった（第25の特徴）。

やがて登場した哺乳形類には体毛（第26の特徴）があり、その手足は「摑む」という動作が可能（第27の特徴）となっていた。

異歯性はさらに進み、臼歯と前臼歯の区分が生まれる（第28の特徴）。ハラミヤ類、ドコドン類などが登場し、遅くともドコドン類が登場する頃までには、哺乳形類は、全身を覆う体毛も蓄えていた。そして、大きな眼窩を手に入れた（第29の特徴）。

舌骨の発達で、舌を効率的に動かすことができるようになった（第30の特徴）。

やがて哺乳類が登場する頃には、乳腺が発達し、哺乳をするようになっていた（第31の特徴）。臼歯も発達した。剪断とすり潰しの両方の機能を備えたトリボスフェニック型臼歯などが獲得されてきた（第32の特徴）。

哺乳類の多様化が進む。単孔類、真三錐歯類、多丘歯類といったグループが登場した。その中には、〝社会生活〟（第33の特徴）を行う種も現れた。そして、〝ヒトに至る系譜〟である真獣類と、カンガルーの仲間である後獣類も登場した。

やがて、第25の特徴として挙げた「咀嚼と聴覚の分離」は、ついに「完全なる分離」を遂げる（第34の特徴）。そして、「長い妊娠期間」も獲得されることになった（第35の特徴）。

中生代を通じて、哺乳類は多様化を重ねてきた。

土を掘る種も、水中を泳ぐ種も、空を飛ぶ（滑空する）種も、樹木に登る種も、地中で暮らす種も、恐竜を襲う種もいた。

中生代約1億8600万年間、「恐竜時代」と呼ばれる世界にあっても、哺乳類は〝進化の歩み〟を止めることはなかった。とくに多丘歯類は、白亜紀後期に空前の繁栄を得ていた。

しかし、衝突の冬は、そんな哺乳類であっても、特別扱いをしなかった。

2005年にデンバー自然科学博物館（アメリカ）のグレゴリー・P・ウィルソンが、モンタナ州の白亜紀末の地層から産出した化石情報をまとめたところ、22〜27種の哺乳類が、白亜紀末の大量絶滅事件で突然に姿を消したという。そして、ウィルソンは2013年にも白亜紀末の大量絶滅事件と哺乳類に関する論文を発表し、植物食性、肉食性を問わずに大型種が姿を消したこと、このダメージから回復するためには少なくとも40万年の時間が必要だった可能性を指摘している。

中生代で栄えた各グループの中で、白亜紀末の大量絶滅事件を（なんとか）乗り越えることができたのは、四つのグループである。単孔類、多丘歯類、真獣類、後獣類だ。この4グループが滅びなかった理由（生き残った理由）は定かではないが、2023年にフィールド自然史博物館（アメリカ）のスペンサー・M・ヘラートたちがまとめたところによれば、〝食の多様性〟が関係している可能性があるという。

こうして、〝人類に連なる物語〟は、再び大転換点を迎えたのだった。

私たちホモ・サピエンスが登場するまで、まだ、およそ6550万年の歳月が必要である。

衰退していた大型哺乳類

中生代の哺乳類において、知られている限り最も大きな種類であるレペノマムスは、白亜紀前期――より年代を絞り込めば、約1億3900万年前から約1億2800万年前のどこかに生きていた（さらに厳密な生息年代は不明）。

哺乳類の歴史は途絶えることなく続いていたのにもかかわらず、一部の例外を除いて、レペノマムス以後、中生代が終わるまでの6200万年以上の間、レペノマムスと同等以上の体軀のある〝大型哺乳類〟は確認されていない。雌伏の章で紹介した〝人類に連なる物語〟に登場する各種も、基本的には小型である。

時代の覇者である恐竜類においては大型化が進んだ。典型例は、「暴君竜」で知られるティラノサウルス（*Tyrannosaurus*）の系譜だろう。ティラノサウルスを含むグループは、白亜紀の半ば以降に本格的な大型種が登場し、白亜紀の末期には最大種であるティラノサウルス・レックスの登場に至っていた。他にも、3本ツノで知られる植物食恐竜のトリケラトプス（*Triceratops*）を含むグループなども大型化の傾向を〝採用〟し、白亜紀の末期に最大種であるトリケラトプスを〝輩出〟している。

恐竜類に限らず、進化するほどに大型種が現れる傾向は多くの動物でみられるものだ。学術上は、「コープの法則」と呼ばれている。

しかし、中生代哺乳類……例えば、レペノマムスを擁する真三錐歯類には、レペノマムス以後に大型種は現れず、むしろ、グループとしては後期になって衰退していく。

なぜ、中生代哺乳類に、コープの法則は適用されなかったのだろうか？

この謎に、被子植物の本格的な繁栄が関わっていたのかもしれない。

インディアナ大学（アメリカ）のデイヴィッド・M・グロスニクルとP・デイヴィッド・ポリーが2013年に発表した研究によれば、大型種を擁していない獣類は、白亜紀後期になって多様性を高めていったという。獣類の歯は、トリボスフェニック型だ。昆虫食に適している。白亜紀の半ば以降、被子植物が本格的に繁茂するようになり、花が咲くようになった。花の蜜などを好む昆虫も増え、獣類にとっての餌も増えたという。

一方、真三錐歯類の大型種は明らかに肉食性だ。被子植物の繁茂にともなう〝躍進の好機〟を逃すことになり、結果として衰退に繋がったのではないか、というわけである。

もっとも、例外もある。マダガスカルに分布する白亜紀末の地層からは、レペノマムスと同クラスとみられる大型肉食哺乳類の化石が発見されている。マダガスカルでは大型化が進んでいたのである。ただし、当時すでにマダガスカルは孤島となっており、独自の生態系を築いていた。世界全体の傾向を当てはめることはできない。

いずれにしろ、本当に衰退していたのかがわかるためには、今後の発見と研究が必要だろう。

躍進の章

※世界に広がる大森林

約6600万年前に落下した巨大隕石は、「衝突の冬」と呼ばれる寒冷期をもたらした。

この寒冷期は、当時の生態系に大転換を迫るものだった。恐竜類をはじめとする多くの爬虫類が姿を消し、哺乳類も大打撃を受けた。なお、哺乳類以外の哺乳形類には、白亜紀末の大量絶滅事件にたどりついたものはいない。哺乳類以外の哺乳形類は、途上ですべて姿を消していた。

もっとも、衝突の冬自体は、長く続かなかった。

数万年間から数十万年間という、〟地球史の視点でみれば、わずかの短期間〟で、衝突の冬は終わったのだ。あるいは、もっと短い期間だったかもしれない。

回復した環境は、中生代白亜紀末とさほど変わらない。

つまり、全地球的に暖かかった。熱帯気候と亜熱帯気候が支配的で、高緯度であっても、亜熱帯の森林があった。極地域でさえ、温暖な気候だったのだ。この温暖期は、1000万年以上にわたって続いていく。

いっぽうで、世界は分裂が続いていた。北アメリカ大陸、ユーラシア大陸、アフリカ大陸は、独立した大陸となっていた。ただし、北アメリカ大陸とユーラシア大陸は、しばしばベーリング陸橋によってつながり、互いに交流ができた。南アメリカ大陸、南極大陸、オーストラリア大陸は地続きだった。

そんな世界で、新たな物語が始まる。

白亜紀末の大量絶滅事件を生き延びた4グループの哺乳類――「単孔類」「多丘歯類」「真獣類」「後獣類」のうち、とくに〝人類に連なる物語〟の〝本流〟である「真獣類」が、広大な森林地帯で台頭するのだ。

※おそらく胎盤を備えた

約6600万年前に新たに始まった時代を「新生代」と呼ぶ。新生代は、古いほうから「古第三紀」「新第三紀」「第四紀」の三つに大きく分けられている。それぞれの時代はさらに「世《せい》」と呼ばれる時代単位で区分される。たとえば「古第三紀」は、古いほうから「暁新世《ぎょうしんせい》」「始新世《ししんせい》」「漸新世《ぜんしんせい》」の三つに分けられている。それぞれの境は、暁新世と始新世の境が約5600万年前、始新世と漸新世の境が約3390万年前だ。そして、古第三紀は約2300万年前に終わる。

新生代の開幕期である暁新世の初頭に、獣類――真獣類と後獣類はいっきに多様化した。それは、「驚くべき」という言葉にふさわしいスピードだった。これまで「真獣類」とひとくくりにしてきたグループに、ヒトの両手の指の数ほどのグループが誕生していったのだ。

白亜紀の各生態系では、恐竜類が多くの〝地位〟を占めていた。白亜紀末の大量絶滅事件で、その〝地位〟がぽっかりと空いた。これによって、獣類は躍進のチャンスを手に入れた……と考えられている。

そう。あくまでも、「考えられている」というレベルであり、暁新世初頭の真獣類に何があったのかはさだかではない。

発見されている化石が少なすぎて、精緻な物語が明らかになっていないのである。「気がついたときには、増えていた（多様化した）」というイメージである。実際のところ、多くの研究者がコンピューターを用いた解析を行ったり、現生哺乳類のゲノムを用いた分析を行ったりしているが、暁新世初頭に起きた真獣類の多様化の全容は、明らかになっていない。「さらなる化石の発見が期待されている」という状況が長らく続いている。

そして、真獣類において、おそらく、暁新世の種は「有胎盤類」であったとみられている。つまり、**胎盤をもっていた可能性は高い**（**【第36の特徴】**）。しかし、有胎盤類の歴史のスタートがいつであったのか、何がその始まりであったのかは議論のあるところだ。

オックスフォード大学自然史博物館（イギリス）のパンチローリは、著書『哺乳類前史』の中で、暁新世の真獣類について、次のように綴っている。

――有胎盤類であったことは確実だが、身体的特徴の詳細や、ほかのグループとの関係は、種どうしがあまりに似ているせいもあり、よくわかっていない。

本書のテーマである〝ヒトに至る系譜〟においても、このわずかな期間に慌ただしく物語が展開していく。ある意味で、中生代の1億年以上の歳月をかけて起きた以上の変化が、祖先たちに起きていた。

※大きく生まれ、早く育つ

暁新世にあって、獣類が成し得たことの一つが「大型化」だった（【第37の特徴】）。

中生代の獣類の多くは、体重100グラム以下……現代のスマートフォンよりも軽かった。

しかし暁新世になって、いっきに大型種が増えた。

デンバー自然科学博物館（アメリカ）のT・R・ライソンたちは、アメリカのコロラド州に分布する白亜紀末から暁新世にかけての地層から産出する哺乳類（この場合は、獣類と同義）を調べた結果を2019年に発表した。この研究によると、暁新世が始まってから約10万年後には、6キログラムほどの哺乳類が登場し、30万年後には20キログラム、70万年後には47キログラムの哺乳類が登場したという。

このように書くと、「やはり恐竜類が哺乳類の大型化を〝おさえて〟いたのだ」と感じるかもしれない。大型の恐竜類がいなくなったからこそ、哺乳類が大型化したのだ、と。

しかし、２０２１年にオックスフォード大学（イギリス）のニール・ブロックルハーストたちがまとめたところによると、獣類の大型化のトリガーは、恐竜類の絶滅ではなかった可能性があるという。

獣類の本格的な大型化は、暁新世の開幕と同時ではなく、〝しばしの時間〟をおいて始まる。どうやら、多丘歯類の衰退とあわせるように、獣類は多様化し、大きなからだを手に入れていったらしい。ブロックルハーストたちは、こうした〝獣類ではない哺乳類〟や中生代に栄えた哺乳形類の衰退・絶滅が、獣類の大型化のトリガーとなった可能性を指摘している。

自然界において、「大きい」は「強い」に直結する。他者を攻撃し、生態系を支配するような動物は、総じてからだが大きい。

陸上生態系における獣類の台頭は、暁新世におきた迅速な大型化が関係していたといえる。

獣類において、有胎盤類は有袋類に先行して大型化に成功した。そして、そんな有胎盤類の中で、いちはやく大型化に成功したグループが、「汎歯類《はんしるい》」だった。

汎歯類は、〝ヒトに至る系譜〟とは早期に分かれた動物群で、その大部分は植物食性だった。暁新世の北半球で栄え、大きなものでは頭胴長が２メートルを超えた。中生代哺乳類において、知られている限りの最大種は真三錐歯類のレペノマムスであり、そのレペノマムスでも頭胴長は1メートルにおよばなかった。汎歯類の〝異様な巨体〟のほどがよくわかるというものだ。

いかにして、汎歯類は大きな体軀を得るにいたったのだろうか？　ここに、汎歯類だけではなく、有胎盤類全体の大型化のメカニズムも紐解《ひもと》くヒントがあるかもしれない。

2022年、エジンバラ大学（イギリス）のグレゴリー・F・ファンストンたちは、汎歯類の一つ、「パントラムダ（*Pantolambda*）」の化石を詳細に分析することで、大型化に際して、何があったのかに迫る研究を発表している。

パントラムダは、アメリカに分布する暁新世の地層から化石が発見されており、成体の頭胴長は60センチメートルを超え、体重は40キログラム以上に成長したとされる。かなりずっしりとした体軀である。我が家のラブラドール・レトリバーは、頭胴長が1メートルほどだけれども、その体重は健康

パントラムダ
汎歯類。アメリカに分布する暁新世の地層から化石が発見された。
イラスト：橋爪義弘

時で24キログラムほどだ。パントラムダは彼女よりも短いにもかかわらず、体重は2倍近くあったことになる。

ファンストンたちがこの汎歯類に注目した理由は、世代の異なる多くの標本が残っていたからだ。ファンストンたちは、その標本を細かく分析し、歯や骨に残された年輪と化学成分を分析することで、その一生を明らかにした。

見えてきたのは、「長い妊娠期間」と「短い授乳期間」である。分析の結果、パントラムダの妊娠期間は7ヵ月に達し、その後の授乳期間は長くても75日だったことが明らかにされた。生後1年以内には、すべての歯は永久歯に変わっていたという結果も出た。さらに、ほぼそのタイミングで、性成熟に達していたことも示された。ちなみに、分析された最も高齢の個体は、11歳だったとも推定されている。

パントラムダの例は、汎歯類のみならず、**当時の有胎盤類の多くが、現生の有胎盤類と同じような「長い妊娠期間」をすでに獲得していた可能性を示唆している。**「短い授乳期間」も、だ。

長い妊娠期間の間に、子は母の胎内でさまざまな部位を発達させ、大きくなって生まれる。既知の研究からは、妊娠期間が長い動物ほど大型化する傾向があることがわかっている。実際、イヌの妊娠期間は約2ヵ月、ヒトは9ヵ月と少し、アフリカゾウは約22ヵ月だ。パントラムダの「7ヵ月」という数字は、イヌを大きく上回り、ヒトに近い値である。

母胎内で発育が進めば進むほど大型になる。「長い妊娠期間」こそが、大型化に一役買った可能性がある。実際、パントラムダは、生まれたときには、歯も発達し、毛も生えていたとみられている。

そして、授乳期間が短ければ、それだけ早く独り立ちする。生まれたときから大きく、さらに独り立ちも早い。これは、多産につながる。勢力拡大に重要な点だ。

※脳が先か、からだが先か

大型化は汎歯類だけではなく、有胎盤類全体で起きていた。

しかしそれは、「からだ」だけの話だったのかもしれない。

2022年、エジンバラ大学（イギリス）のオルネラ・C・バートランドたちは、大型化の進む当時の哺乳類における「脳の大きさ」に注目した論文を発表した。

じつは、現生の哺乳類は他の動物群と比べて、からだのサイズに対する脳の割合が大きい。改めて書くまでもなく、その最たる例は、私たちヒトだ。しかし、ヒトに限らず、哺乳類全体の傾向として、からだの割には大きな脳をもっている。

バートランドたちは、中生代ジュラ紀から新生代古第三紀にかけての124種の絶滅哺乳類の頭蓋骨の化石131標本のデータを統括し、脳の容積がどのように変化したのかをまとめた。

その結果、暁新世の有胎盤類の大型化が進行した時期にあって、脳の容積はさほど大きくならなかったことが示された。つまり、当時の有胎盤類は、**哺乳類史上稀《まれ》に見る〝小さな脳〟の種ばかりだった**ということになる。バートランドたちは、「暁新世の哺乳類に大きな脳は必要なかった」と綴っている。

暁新世は1000万年ほど続き、その次は「始新世」と呼ばれる時代になる。**暁新世と始新世の境界あたりから、有胎盤類の脳が発達し、感覚が鋭敏になり、そして、運動能力も高くなっていった**とバートランドたちは指摘する。生態系が有胎盤類によって〝飽和〟し、生存競争が激化したことがその背景にあったとされる。

いっぽう、暁新世の末になっても、脳が大型化しなかった有胎盤類グループもあった。その一つが、汎歯類だ。パントラムダを含むグループであり、有胎盤類の中でも先んじて大型化したグループである。脳の大型化との因果関係は不明ながらも、結果として汎歯類は暁新世末に衰退し、最後に残ったいくつかの種も、始新世には姿を消している。

脳に関して、「大脳新皮質」の獲得も挙げておこう。【第38の特徴】だ。現生の哺乳類の脳には、「大脳新皮質」と呼ばれる部分がある。大脳の最も表層に位置し、6層の構造になっている。思考能力などの高度な機能を担うとされる部分だ。2011年に慶應義塾大学の田中大介たちが行った実験によると、現生のサルとマウスには、胎児誕生の際に大脳新皮質をつくる領域へ移動して集まる細胞が存在し、現生のニワトリやカメには大脳新皮質をつくる領域に移動する細胞がなかったという。

このことから、遅くともサル（霊長類）とマウス（齧歯類）の共通祖先の段階で、大脳新皮質をつくる細胞が獲得されていたことが示唆される。具体的なタイミングは不明だけれども、それは、哺乳類の繁栄が本格化した暁新世初頭なのかもしれないし、獣類が登場した白亜紀なのかもしれない。あるいは、遥かな昔に哺乳形類が登場した三畳紀、もしくは、単弓類の誕生した石炭紀なのかもしれない。いずれにしろ、大脳新皮質の獲得は、〝人類に連なる物語〟において、重要な役割を担っていくことになる。

※分かれていたアフリカの仲間

さて、〝ヒトに至る系譜〟は、これまでも多くの仲間たちと分かれてきた。暁新世が始まったとき、この〝分かれ〟は、急速に、そして、激しく展開した。

有胎盤類における暁新世の進化解明に大きな役割を果たした存在が、「ゲノム」である。

現生種がいるグループでは、その進化の解析にゲノム——遺伝子情報を用いることができる。

ある種のゲノムを調べ、他種のゲノムと比較して共通点と差異を見出す。化石種の場合、化石に残った形状だけが手がかりとなるけれども、ゲノムにはさまざまな情報が記録されている。化石に残らない特徴だけではなく、研究者がこれまで気づかなかったような微細な特徴を拾い出し、あるいは、研究者が意識的・無意識的に「重要」と勘ちがいしていた情報も客観的に取りあつかう。これによって、種の近縁関係がより明らかになり、そして、進化の分岐とその時期を推測することができる……とされている。

ただし、現在の科学技術では、その遺伝子情報のちがいが、どのような〝特徴〟として、姿に投影されているのかまでは、わからない。「遺伝子のちがいはあるけれども、その姿はわからない」が、現状である。絶滅した生物の姿を知るためには、化石に基づく復元以外に術《すべ》がない。

そんなゲノム解析によると、暁新世が開幕し、**有胎盤類の歴史が本格的に始まったとき、すでに〝ヒトに至る系譜〟と袂を分かっていた大きなグループが二つある。**

一つは「アフリカ獣類」と呼ばれ、もう一つは「異節類」と呼ばれる。

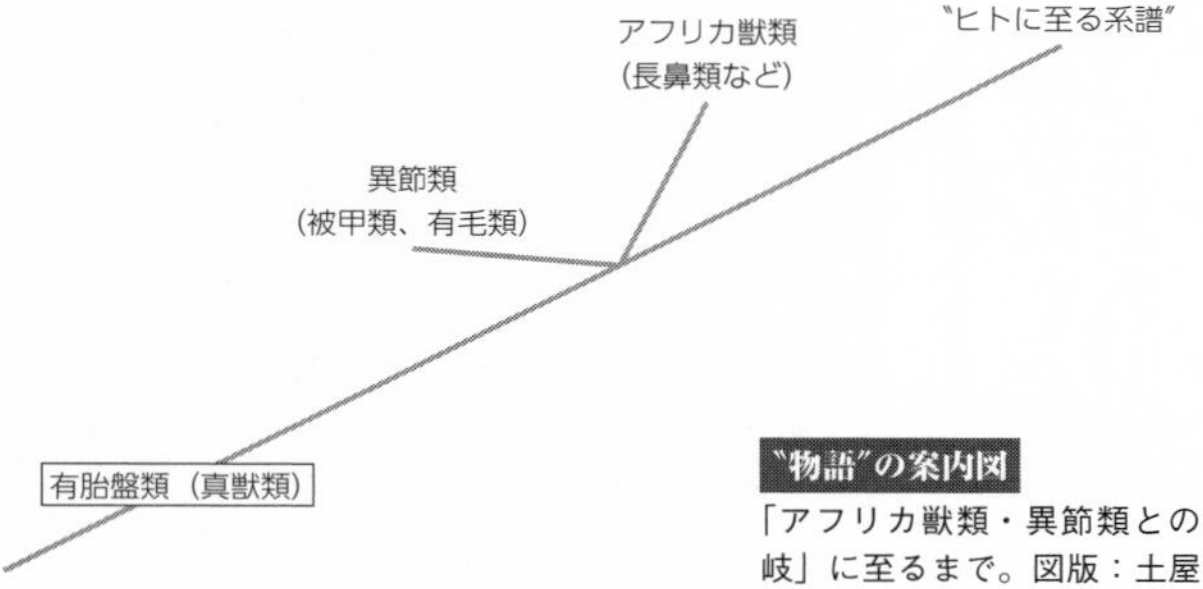

〝物語〟の案内図
「アフリカ獣類・異節類との分岐」に至るまで。図版：土屋香

アフリカ獣類は、その名の通り、アフリカ大陸を故郷とする大きなグループである。代表的なものとして、ゾウの仲間である「長鼻類《ちょうびるい》」、ハイラックスの仲間である「岩狸類《いわだぬきるい》」、ジュゴンの仲間の「海牛類《かいぎゅうるい》」、ツチブタの仲間である「管歯類《かんしるい》」、ハネジネズミの仲間である「ハネジネズミ類」などがある。いっぽうの異節類は、アルマジロの仲間である「被甲類《ひこうるい》」と、アリクイの仲間の「有毛類《ゆうもうるい》」という二つのグループで構成されている。

アフリカ獣類は〝アフリカ大陸を故郷とするグループ〟であり、異節類は〝南アメリカ大陸を故郷とするグループ〟である。現在の地球では、他の大陸にも生息が確認されているけれども、かつてはそれぞれの大陸に固有の動物群だった。

アフリカ大陸固有、南アメリカ大陸固有ということは、両大陸が他の大陸と分かれる前の〝超大陸時代〟に、原始的で共通の祖先となる未知の真獣類が、それぞれの大陸地域に進出していたということでもある。そして、白亜紀に進んだ超大陸の分裂にともなって、固有の進化を遂げた。

ただし、ゲノムが示唆しているとはいえ、化石の記録は乏しい。例えば、アフリカ大陸における有胎盤類の化石記録は約６１００万年前のものだ。暁新世開幕時の情報がない。

確かなことは、アフリカ獣類、異節類は、私たちと同じ有胎盤類であっても、かなり〝遠縁の親戚〟だということだ。

海牛類「ペゾシーレン（*Pezosiren*）」
アフリカ獣類を構成する海牛類の例。ジャマイカに分布する始新世の地層などから化石が発見されている。全長２ｍほどの「最初期の海牛類」で、四肢をもつ。イラスト：柳澤秀紀

長鼻類「モエリテリウム（*Moeritherium*）」
アフリカ獣類を構成する長鼻類の例。エジプトに分布する始新世の地層などから化石が発見されている。肩高は60㎝ほどの「最初期の長鼻類」で、長鼻類であっても鼻は長くない。イラスト：柳澤秀紀

有毛類「メガテリウム（*Megatherium*）」
異節類を構成する有毛類の例。アルゼンチンに分布する中新世の地層などから化石が発見されている。全長６ｍ、体重６tの巨軀をもつ。「オオナマケモノ」とも呼ばれる。イラスト：柳澤秀紀

※イヌやネコの仲間とも分かれていた

アフリカ大陸の「アフリカ獣類」と、南アメリカ大陸の「異節類」と分かれていた……ということは、〝ヒトに至る系譜〟は「この二つの大陸以外を故郷とする」ということでもある。

現在の地球においてオーストラリア大陸が有袋類（後獣類）の〝牙城〟であることを考えれば、**〝ヒトに至る系譜〟の故郷は、北アメリカ大陸、もしくは、ユーラシア大陸が有力だろう。**この両大陸を故郷とし、〝ヒトに至る系譜〟を含むグループは、「北方真獣類」と呼ばれている。読んで字の如く、北半球の大陸で暮らしていた有胎盤類である。

暁新世が始まった時、すでに北方真獣類の内部でも多様化が進んでいた。

この時点で、〝ヒトに至る系譜〟と分かれていた北方真獣類のグループには、イヌやネコの仲間である「食肉類」や、コウモリの仲間である「翼手類《よくしゅるい》」、ハリネズミの仲間である「真無盲腸《しんむもうちょう》類《るい》」、センザンコウの仲間の「鱗甲類《りんこうるい》」、ウマの仲間の「奇蹄類《きているい》」、ウシやクジラの仲間の「鯨偶《げいぐう》蹄類《ているい》」などがある。なお、ここに挙げた各グループは現生種を含むグループのみで、その他の多くの絶滅グループも、〝ヒトに至る系譜〟とすでに分かれていた。

こうした〝ヒトに至る系譜〟ではない北方真獣類は、まとめて「ローラシア獣類」と呼ばれている。「ローラシア」とは、かつて北半球にあり、北アメリカ大陸とユーラシア大陸が合体していた時代の超大陸の名称だ。

アフリカ獣類や異節類がそうであったように、ローラシア獣類もまた、〝理屈〟上では、白亜紀までに〝ヒトに至る系譜〟と分かれていた可能性が高いとみられているが、……これもまた、決定的な証拠となる化石は発見されていない。

ローラシア獣類の中で、最も原始的とされるグループは真無盲腸類だ。このグループの最古の化石は、約5800万年前のものである。暁新世のはじまりから800万年ほどの時間が経過していた。ただし、この〝最古の化石〟には、「すでにハリネズミの仲間の特徴がある」とのことで、より古くて原始的な真無盲腸類がいたことは示唆されている。しかし、その化石が発見されていない。

この「約5800万年前」という数字に注目されたい。この時点で、ローラシア獣類がいたということは、暁新世の記録に乏しいアフリカ獣類や異節類にも約5800万年前より昔に未知の種がいた、という〝証《あかし》〟になる。

なにしろ、これらのグループは、「すでに分かれていた」のだから。つまり、すでに別の分類群として存在していたはずなのだ。この視点が、暁新世の多様化を語るうえで重要となっていく。

さらに、食肉類の記録もある。食肉類は、ローラシア獣類の中では〝「原始的」とはいえないグループ〃だけれども、化石自体は実は古い。約6500万年前のものが報告されている。暁新世の初頭だ。ただし、この〃最古の食肉類〃に関しては、情報がほとんどない。

いずれにしろ、ローラシア獣類の多様化は、暁新世開幕時には「すでになされていた」とみることができるだろう。〃ヒトに至る系譜〃は、そんなローラシア獣類の多様化が始まる前に、ローラシア獣類とは別の道を歩み始めていたはずなのだ。

そして、ローラシア獣類と分かれた〃ヒトに至る系譜〃が属していた北方真獣類のグループは、「真主齧類《しんしゅげつるい》」と呼ばれている。いささか読みにくい名前のこのグループこそが、本書の物語の本流だ。

※ネズミの仲間との分かれ

暁新世初頭（あるいは、その少し前）に有胎盤類に起きた多様化と、〃ヒトに至る系譜〃との分裂は、まだ続く。

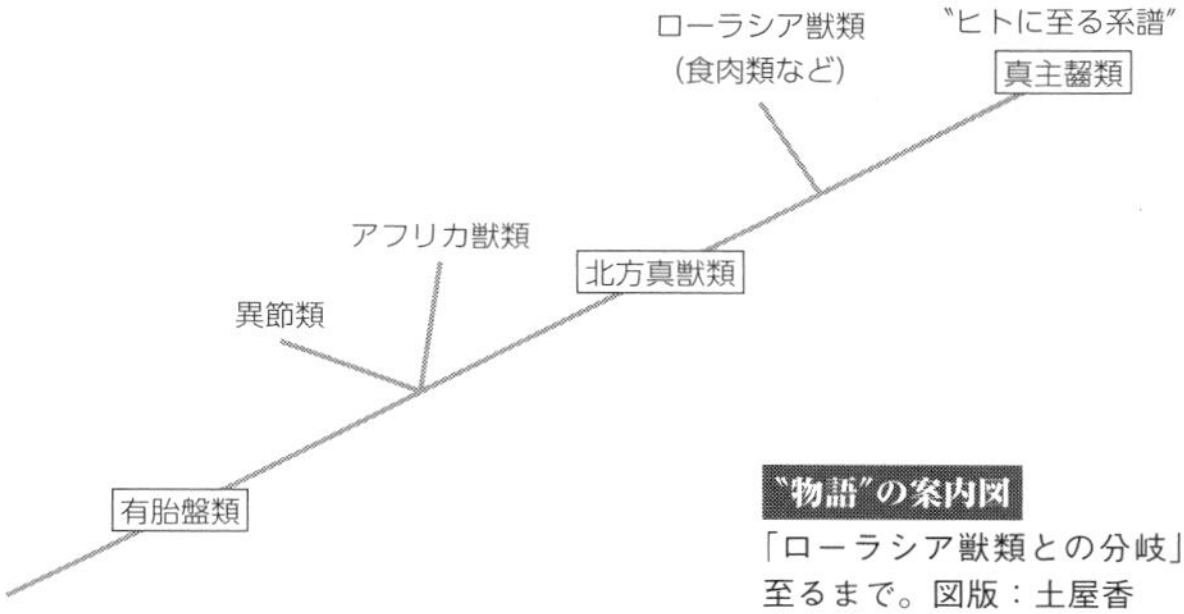

〃物語〃の案内図
「ローラシア獣類との分岐」に至るまで。図版：土屋香

食肉類「ミアキス（*Miacis*）」
ローラシア獣類を構成する食肉類の例。アメリカに分布する始新世の地層などから化石が発見されている。頭胴長は20㎝ほどの「最初期の食肉類」。
イラスト：柳澤秀紀

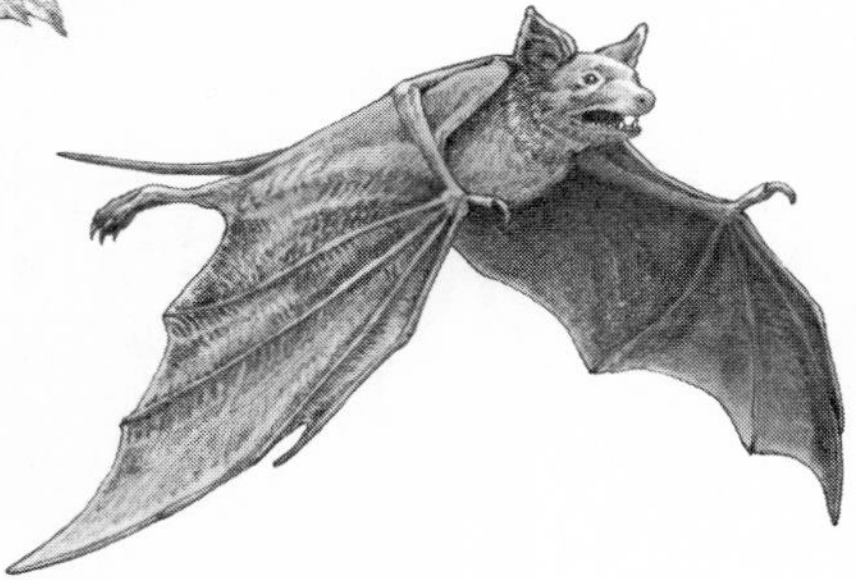

翼手類「イカロニクテリス（*Icaronycteris*）」
ローラシア獣類を構成する翼手類の例。アメリカに分布する暁新世の地層などから化石が発見されている。頭胴長は10㎝ほどの「最初期の翼手類」。
イラスト：柳澤秀紀

真無盲腸類「フォリドケルクス（*Pholidocercus*）」
ローラシア獣類を構成する真無盲腸類の例。ヨーロッパに分布する始新世の地層から化石が発見されている。頭胴長は20㎝ほどで、頭頂部は角質で覆われ、背中には長めの剛毛、尾は小さな鱗で覆われているという独特の姿をしていた。
イラスト：橋爪義弘

真無盲腸類「デイノガレリックス（*Deinogalerix*）」
ローラシア獣類を構成する真無盲腸類の例。イタリアに分布する中新世の地層から化石が発見されている。頭胴長が30㎝ほどに達する〝大型種〟。
イラスト：柳澤秀紀

鱗甲類「エオマニス(*Eomanis*)」
ローラシア獣類を構成する鱗甲類の例。ヨーロッパに分布する始新世の地層から化石が発見されている。頭胴長が30㎝ほど。現生のセンザンコウとよく似ているが、尾は半分ほどまでしか鱗に覆われていない。
イラスト：橋爪義弘

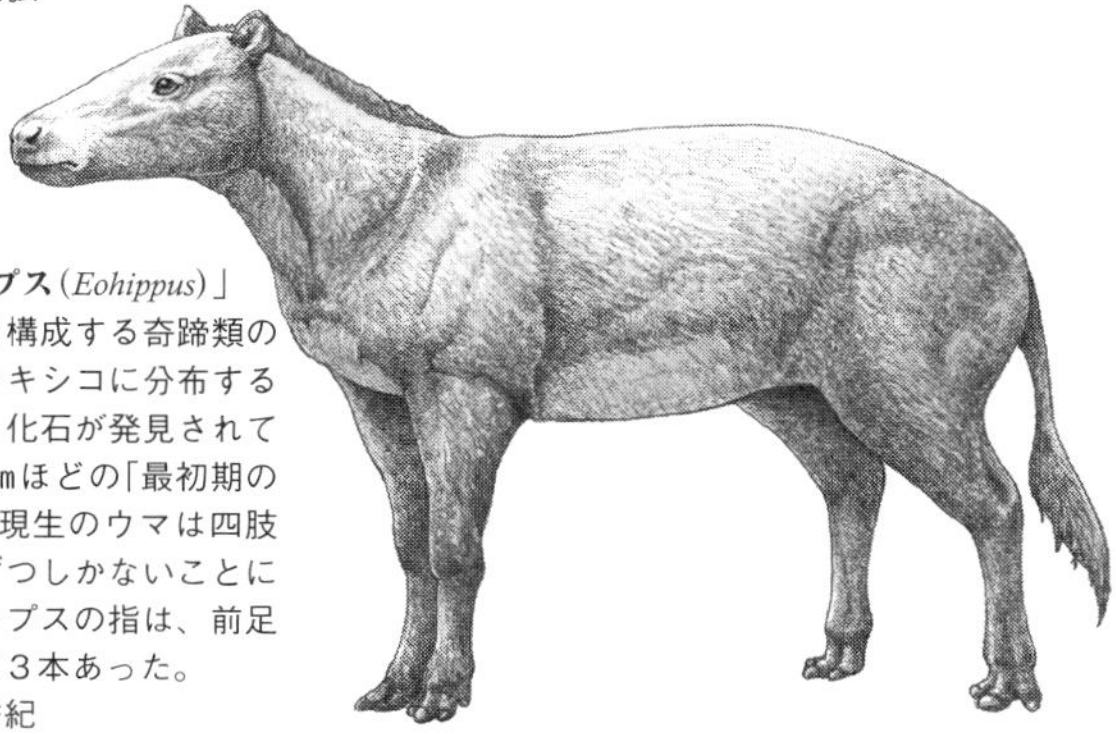

奇蹄類「エオヒップス(*Eohippus*)」
ローラシア獣類を構成する奇蹄類の例。アメリカとメキシコに分布する始新世の地層から化石が発見されている。頭胴長50㎝ほどの「最初期の奇蹄類」であり、現生のウマは四肢の先の指は１本ずつしかないことに対して、エオヒップスの指は、前足に４本、後ろ足に３本あった。
イラスト：柳澤秀紀

鯨偶蹄類「パキケトゥス(*Pakicetus*)」
ローラシア獣類を構成する鯨偶蹄類の例。パキスタンに分布する始新世の地層から化石が発見されている。頭胴長１ｍほどの「最初期のクジラ」だが、現生のクジラたちとは異なり、四肢があった。
イラスト：柳澤秀紀

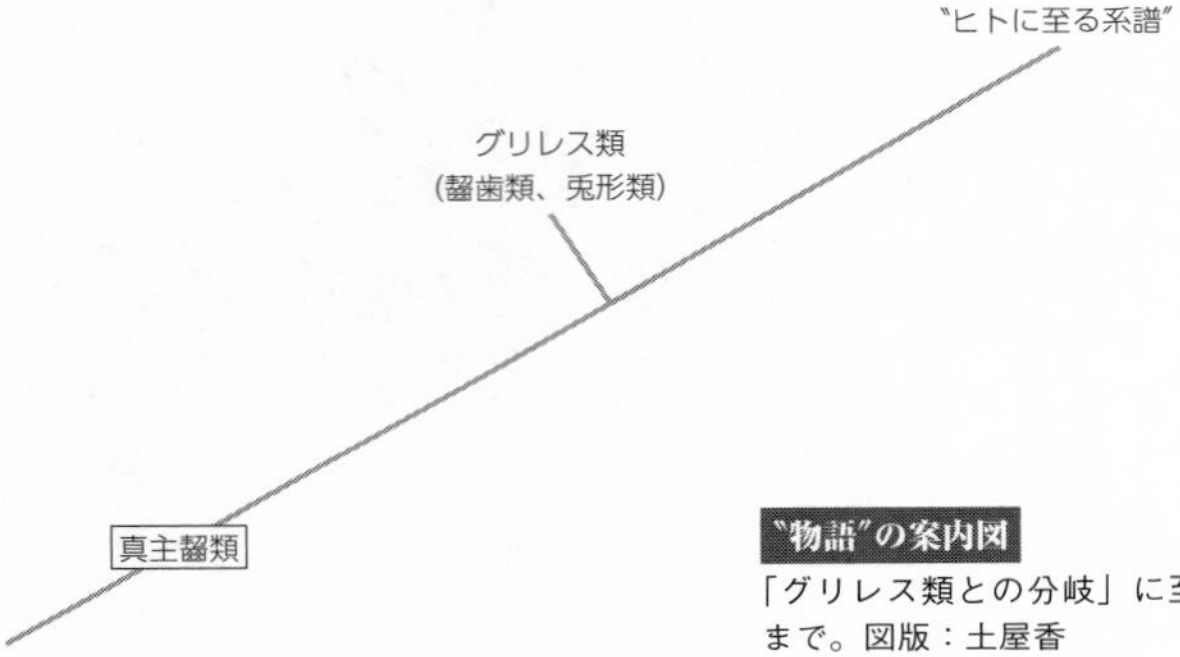

“物語”の案内図
「グリレス類との分岐」に至るまで。図版：土屋香

兎形類「ヌララグス（*Nuralagus*)**」**
グリレス類を構成する兎形類の例。メノルカ島（スペイン）に分布する鮮新世の地層から化石が発見されている。頭胴長80㎝に達する大型種。イラスト：柳澤秀紀

齧歯類「ジョセフォアルティガシア（*Josephoartigasia*)**」**
グリレス類を構成する齧歯類の例。ウルグアイに分布する鮮新世〜更新世の地層から化石が発見されている。頭胴長３ｍに達する大型種。イラスト：柳澤秀紀

ローラシア獣類と分かれた真主齧類も、ほどなくして〝ヒトに至る系譜〟と〝そうではない系譜〟に分かれた。

このとき、〝そうではない系譜〟として分かれたグループは、ネズミやウサギの仲間たちだ。**ネズミの仲間は「齧歯類」、ウサギの仲間は「兎形類《とけいるい》」という。この2グループをまとめて「グリレス類」と呼ぶ。**

グリレス類は、ともに「一生伸び続ける切歯」をもつ。基本的に小型種が多く、外見も似たものが多い（齧歯類と兎形類を比べても、よく似ている）。もっとも、頭骨と歯の形は極めて多様であり、齧歯類については現生哺乳類の種数の40パーセント以上を占めている。生態系の上位に君臨するような大型肉食種のグループではないけれども、ある意味では、「最も成功した哺乳類」といえるだろう。

ネズミやウサギは、私たちヒトから〝遠い存在〟に思えるかもしれない。しかし、これまで見てきた通り、彼らは、あなたの家で暮らすネコやイヌ（ローラシア獣類）よりも、私たちに〝近縁〟なのだ。

※ツパイの仲間たちとの分かれ

グリレス類と分かれた〝ヒトに至る系譜〟を、「真主獣類《しんしゅじゅうるい》」という。

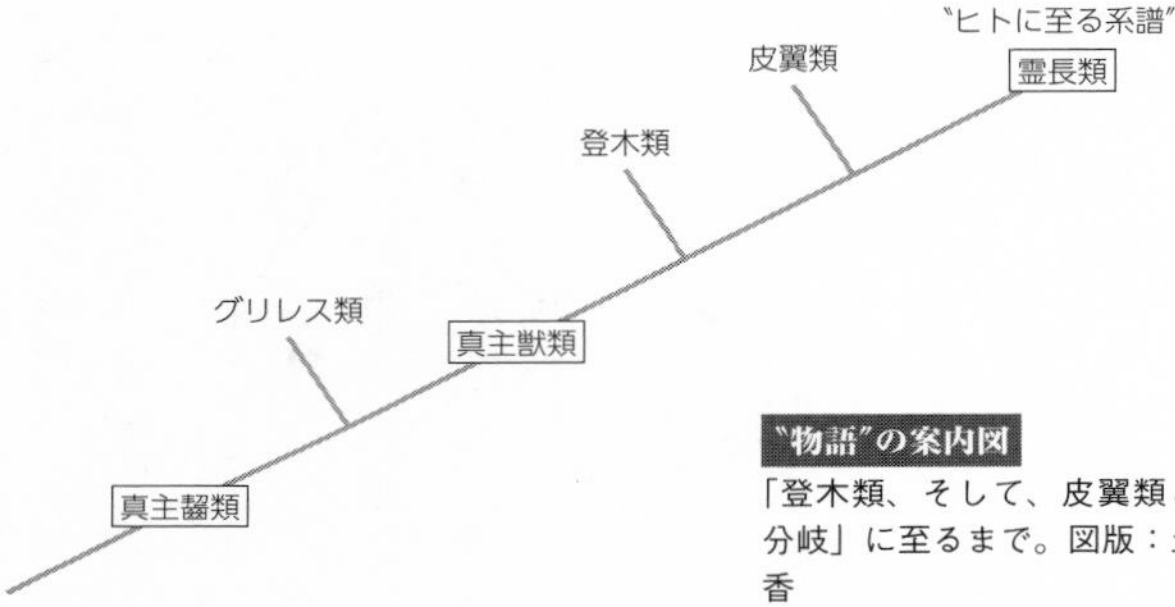

〝物語〞の案内図
「登木類、そして、皮翼類との分岐」に至るまで。図版：土屋香

登木類「エオデンドロガレ（*Eodendrogale*）」
中国に分布する始新世の地層から化石が発見されている。頭胴長十数cmと推測されている「最初期の登木類」。イラスト：柳澤秀紀

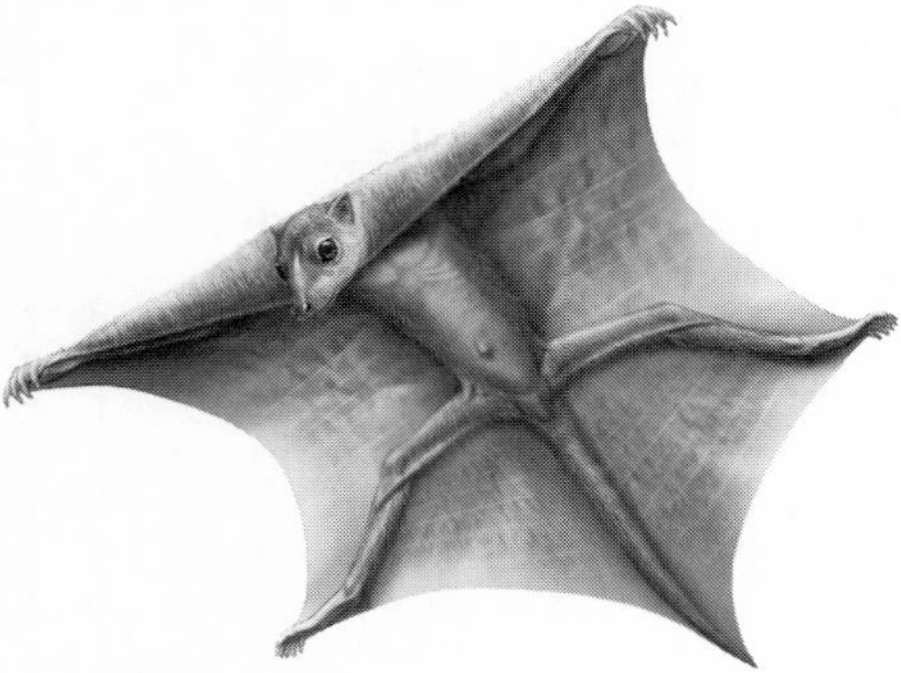

皮翼類「プラジオメネ（*Plagiomene*）」
アメリカとカナダに分布する暁新世と始新世の地層から化石が発見されている。頭胴長25cmの「最初期の皮翼類」。イラスト：橋爪義弘

真主獣類内でも、すでに分裂があった。〝ヒトに至る系譜〟は、暁新世初頭の段階で、二つの真主獣類グループと袂を分かっていたのである。

このとき、〝ヒトに至る系譜〟から分かれたグループが、「登木類《とうぼくるい》」と「皮翼類《ひよくるい》」である。

登木類は、ツパイの仲間であり、皮翼類は、ヒヨケザルの仲間だ。〝皮膜の翼〟を備え、樹木から樹木へと滑空する動物たちである。

登木類も皮翼類も、基本的には樹上で暮らす。

そして、〝ヒトに至る系譜〟も、このとき樹上で暮らしていた。「霊長類」である。真主獣類を構成する〝最後のグループ〟だ。

アフリカ獣類や異節類などの〝遠縁たち〟との分かれに始まり、登木類や皮翼類などの〝近縁たち〟の分かれまで。

この急速な進化は、暁新世開幕時のわずかな時間にいっきに起きた。あるいは、白亜紀の真獣類にその予兆があったのかもしれない。

※霊長類へ

いよいよ、〝ヒトに至る系譜〟の本流中の本流、真主獣類の1グループとして登場した霊長類の物語に入るとしよう。

知られている限り最も古い霊長類の化石は、アメリカのモンタナ州に分布する暁新世初頭の地層から発見されている。その化石の年代は、約6590万〜約6586万年前である。

そう、「約6586万年前」である。白亜紀末の大量絶滅事件から15万年も経過していない。古い方の数字が正しければ、10万年ほどだ。

これまで見てきたように、我らが霊長類が登場するまでには、真獣類の多くのグループとの分岐が必要だ。その分岐は、遅くても約6586万年前までに終えていたのである。モンタナ州の化石は、真獣類の多様化・進化が、いかに短期間で行われていたのかを物語る。こうした事実は、同時に、白亜紀にすでに多様化が進んでいた可能性を内包している。

2021年にワシントン大学（アメリカ）のグレゴリー・P・ウィルソン・マンティラたちが報告したその化石は、「プルガトリウス（*Purgatorius*）」のものだ。

この化石は、長さ数センチメートルほどの下顎と、数ミリメートルサイズの歯の化石だけという部分的なものだった。プルガトリウスは、この標本だけではなく、2021年以前にもいくつかの化石がアメリカとカナダに分布する暁新世初頭の地層から発見されている。しかし、いずれも歯と顎の化石だけであり、プルガトリウスの姿自体は復元できていない。いっぽう、そうした化石から、大きさについてはおそらく小ネズミ級であったとみられている。

姿はわからなくとも、分類はできる。プルガトリウスは、霊長類の中でも「プレシアダピス類」と呼ばれるグループに分類された。

プレシアダピス類は、最も古い霊長類グループでありながら、すでに〝ヒトに至る系譜〟とは別の進化を歩んでいた。2011年に刊行された『ヒトはどのように進化してきたか』（著：ロバート・ボイド、ジョーン・B・シルク。原著は2009年刊行）では、約5600万年前のプレシアダピス類「カルポレステス（*Carpolestes*）」を参考に、プレシアダピス類の特徴を次のようにまとめている。

体重は3キログラム以上10キログラム未満の小型種を基本とし、嗅覚が発達しているいっぽうで、眼が側面についているために立体視の能力はやや弱く、吻部が長く、口においては切歯と犬歯の間に隙間があり、手と足の指の先端は鉤爪《かぎづめ》で、親指はその他の指と向かい合い、対象を摑むことができたという。

プルガトリウス
プレシアダピス類。アメリカとカナダに分布する暁新世の地層から化石が発見された。イラスト：柳澤秀紀

カルポレステス
プレシアダピス類。アメリカに分布する暁新世の地層から化石が発見された。保存されている部位が多く、プレシアダピス類の特徴がよく残っている。イラスト：柳澤秀紀

こうした特徴の多くは、霊長類の中でも、プレシアダピス類特有のものだ。**プレシアダピス類以外の霊長類は、眼が正面についていて立体視が可能であり（【第39の特徴】）、吻部は相対的に短く（【第40の特徴】）、口内では切歯と犬歯の間に隙間はなく（【第41の特徴】）、手と足の指の先端は平爪《ひらづめ》（【第42の特徴】）**である。プレシアダピス類と、そのほかの霊長類には、ここに大きな差異がある。

そのため、研究者によっては、プレシアダピス類を「偽《ぎ》霊長類」と呼び、霊長類に含めない場合もある。ただし、その場合であっても、プレシアダピス類が霊長類に最も近縁のグループであることに変わりはない。

いずれにしろ、**プレシアダピス類は、初期の霊長類、あるいは、霊長類に最も近縁な動物たちの姿を推測する大きな手がかりとなる。**

それは、ツパイに似ており、長い尾をもち、手足には〝把握能力〟があるというものだ。樹上

で暮らすことを得意とする風貌ではあるが、地上性のものもいたとされる。プレシアダピス類に属する各種の歯の形状は多様であり、種によって特殊化していて、昆虫やさまざまな果実を食べていたようだ。

不安定な細い枝を足場にして、昆虫を狩ったり、果実を採ったりする。そのためには、手足の〝把握能力〟だけではなく、対象までの距離を正確に把握する立体視も必要だ。この〝立体視の能力〟に関しては、プレシアダピス類は備えていたとしても、まだ弱かった。プレシアダピス類、あるいは、**初期の霊長類においては、「視覚能力の向上」よりも「〝把握能力〟の発達」が優先されていたのかもしれない。**

※3色型色覚

約5600万年前に暁新世が終わりを迎えようとしていた頃の地層から、霊長類の化石が発見されている。

モロッコから報告されたそれは、「アルティアトラシウス

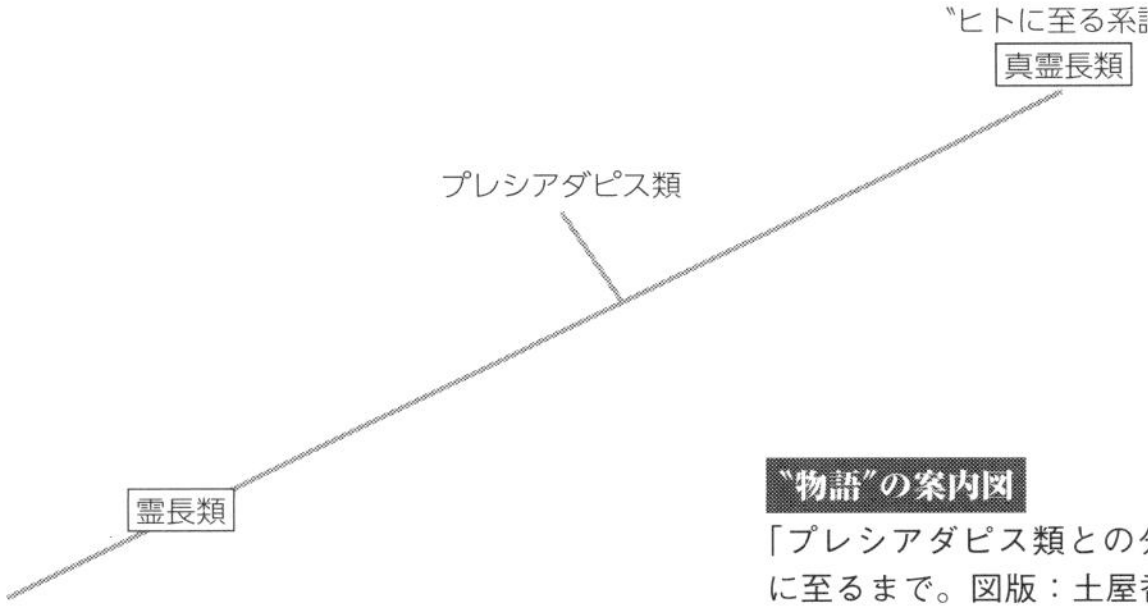

〝物語〟の案内図
「プレシアダピス類との分岐」に至るまで。図版：土屋香

（*Altiatlasius*）」という。そして、モンゴルに分布する始新世初頭の地層からも「霊長類」とされる「アルタニウス（*Altanius*）」の化石が発見されている。

今のところ、この2種類が、「多くの研究者が認める〝最古級の霊長類〟」である。つまり、プレシアダピス類ではない、〝ヒトに至る系譜〟を内包するグループの霊長類である。研究者によっては、プレシアダピス類の「偽霊長類」という二つ名に対し、アルティアトラシウスやアルタニウスを最古級とするグループを「真霊長類」と呼ぶこともある。本書では、これ以降、とくに補足の説明なく「霊長類」と表記した場合は、この「真霊長類」を指すことにする。

アルティアトラシウスもアルタニウスも、発見されている化石は部分的なものだ。そのため、その姿を復元するにはいたっていない。しかし、歯の形状がその後の時代の霊長類と共通しており、プレシアダピス類とは明らかに異なっていた。簡単に言えば、プレシアダピス類の歯は特殊化が進んでおり、種によって昆虫食に特殊化していたり、果実食に特殊化していたりした。**霊長類の歯には、こうした「特殊化」がない。**

中生代に二生歯性を獲得して以降、つまり、初期の哺乳形類以降、その歯は〝高性能〟であり、化石としてよく残る。よく残るので、こうして細かな霊長類の歴史を追うこともできる。

……のであるが、歯がもたらす情報には、自ずと限界がある。

初期の霊長類は、歯の他に、どのような特徴を獲得していたのだろうか？

アルティアトラシウス
多くの研究者が認める最古級の霊長類の一つ。モロッコに分布する暁新世の地層から化石が発見された。イラスト：柳澤秀紀

アルタニウス
多くの研究者が認める最古級の霊長類の一つ。モンゴルに分布する始新世の地層から化石が発見された。イラスト：柳澤秀紀

2003年に中国科学院のシージュン・ニイたちによって報告された霊長類、「テイヤールディナ（*Teilhardina*）」の化石にその手がかりがありそうだ。

テイヤールディナは世界各地から化石が発見されている霊長類であり、「テイヤールディナ」の名（属名）をもつ種として複数の報告がある。とくにアメリカで発見された「テイヤールディナ・ブランディ（*Teilhardina brandti*）」の化石は古く、約5600万年前のものとされる。このことは、テイヤールディナの起源が北アメリカ大陸にあった可能性を示唆するものだ。ただし、多くの初期霊長類と同じように、その化石は歯と顎だけである。

ニイたちが2003年に報告したテイヤールディナは、テイヤールディナ・ブランディとは同属別種であり、「テイヤールディナ・アジアティカ（*Teilhardina asiatica*）」の種名がつけられている。ブランディよりも、100万年、あるいは、それ以上新しい。化石は、中国から発見されている。

テイヤールディナ・アジアティカの化石の貴重な点は、頭骨の一部が残っていたことだ。標本番号「IVPP V12357」の化石は、部分的なものだったけれども、ニイたちはその部分化石から頭骨全体を再現することに成功した。そして、**その大きな眼窩は正面を向き、視界が重なっていた。つまり、立体視が可能だった**ことを明らかにした。

ニイたちが推測する、IVPP V12357の生存時の体重は約28グラムとかなり軽量だ。あなたのスマートフォンの半分にも満たない重さである。また、歯の形状は、テイヤールディナ・アジアティカが昆虫食だったことを物語るという。ニイたちは、テイヤールディナ・アジアティカが視覚に頼って、昆虫を捕食していたとみている。また、この生態は、昼の光のもとでこそのものとされた。

そして、初期霊長類が獲得したものは、立体視だけではなかったのかもしれない。

じつは、現生の哺乳類をみると霊長類以外のグループは、赤色と緑色の識別ができない「2色

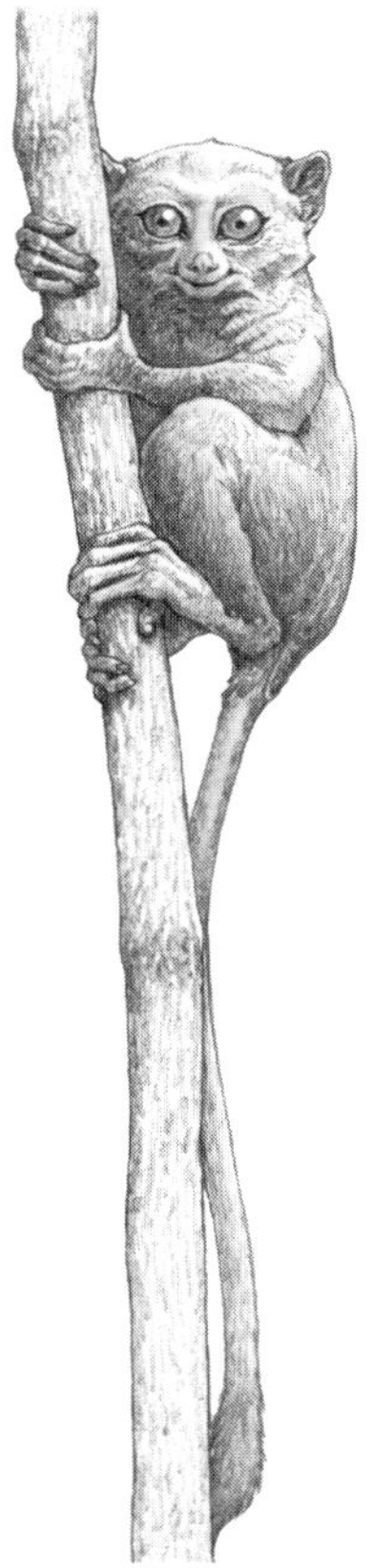

テイヤールディナ
初期の霊長類。アメリカをはじめ、ヨーロッパや中国に分布する始新世の地層から化石が発見された。テイヤールディナの前肢には、母指対向性が確認できる。イラスト：柳澤秀紀

型色覚」だ。霊長類だけが赤色と緑色を区別できる「3色型色覚」なのだ（**【第43の特徴】**）。あなたの家で暮らす猫も、我が家の犬たちも、私たちのような〝カラフルな景色〟を見ていないのである。

この点に関しては、東京大学の河村正二が2021年に発表した論文で、中生代に夜行性に適応した時点で哺乳類（の祖先）は2色型色覚となり、新生代に入って昼の森で暮らすようになってから3色型色覚となった可能性を指摘している。森の中で、果実や若葉、あるいは、昆虫や天敵となる大型哺乳類などを識別することに有利となったのかもしれない。

また、霊長類は、プレシアダピス類と比べて**吻部が短くなり、後頭部が大きくなって、相対的に脳の大きさも増加したとみられている。そして、顎に並ぶ歯の列には隙間がなくなり、犬歯のうしろにすぐに前臼歯（小臼歯）が位置するようになった**。

いっぽう、テイヤールディナ・アジアティカのような化石をもってしても、初期霊長類の「全身の姿」を推測することは難しい。IVPP V12357は、あくまでも、頭骨と歯の化石だからだ。

しかし、現生の哺乳類や、その後の哺乳類の化石から、**テイヤールディナ・アジアティカも指の爪は平爪で、親指が他の指と向かい合う「母指対向性」（【第44の特徴】）を備えるようになったとみられている。**

母指対向性によって、対象を「摑む」「握りしめる」といったことが可能になっていた。これは平爪と〝セットで威力を発揮する特徴〟だ。プレシアダピス類や他の動物たちにみられるような鉤爪だと、「摑む」はできたとしても、「握りしめる」ことは難しい。鉤爪が邪魔になるからだ。

京都大学の高井正成と中務真人が2022年に著した『化石が語るサルの進化・ヒトの誕生』では、初期霊長類における手の触覚の発達にも言及している。**神経が集中し、さらに、摩擦力を高めるための指紋と掌紋《しょうもん》も発達したという。指紋を【第45の特徴】、掌紋を【第46の特徴】としておこう。**

立体視できる眼、3色型色覚、母指対向性と触覚や摩擦力の向上。いずれも、樹上で暮らすことを有利にする特徴である。樹上で姿勢を安定させ、移動し、そして、果実や昆虫を摑む。かくして、〝人類に連なる物語〟は、森林を舞台として、紡がれ続けることになる。

❋〝サルのような顔〟になる

霊長類が登場した。

しかし、その先が（も）よくわかっていない。

遅くとも**約5600万年前の暁新世末、あるいは、始新世初頭までに登場した霊長類は、ほどなく二つのグループに分かれた。**

一つは、比較的大型の体軀をもち、吻部が長く、後頭部（脳の収まるスペース）が小さいグループだ。アメリカに分布する始新世の前期〜中期の地層から多量の化石が産出する「ノタルクトゥス（*Notharctus*）」は、このグループの代表格で、頭胴長は50センチメートルに達し、長い尾を備えていた。『新版　絶滅哺乳類図鑑』において、著者の冨田幸光は「その骨格はマダガスカル島に現生するキツネザルやシファカのそれに驚くほどよく似ている」と書く。

もう一つは、比較的小柄で、吻部が短く、後頭部が大きいグループである。こちらは、始新世から、その次の時代である漸新世にかけてのヨーロッパの地層から化石が産出している「ネクロレムール（*Necrolemur*）」が有名だ。ノタルクトゥスよりふた回り以上小さく、眼窩が大きい。

前者は「アダピス類」、後者は「オモミス類」と呼ばれる。

かねてより、オモミス類こそが〝ヒトに至る系譜〟であると考えられていた。たしかに〝顔つき〟をみても、脳（の収まるスペース）が大きいという点からもオモミス類の方がヒトに近く感じる。

しかし、『化石が語るサルの進化・ヒトの誕生』や『古生物学の百科事典』などでは、アダピス類とオモミス類の双方から〝ヒトに至る系譜〟に〝点線〟が伸びた上で、ともに「?」がつけられている。オモミス類の犬歯は、進化を重ねるとしだいに小さくなるという。いっぽう、〝ヒトに至る系譜〟では、その初期に〝大きな犬歯〟をもつ種が現れるという。はたして、小型化の

ノタルクトゥス
アダピス類。アメリカに分布する始新世の地層から化石が発見された。イラスト：柳澤秀紀

ネクロレムール
オモミス類。ヨーロッパに分布する始新世と漸新世の地層から化石が発見された。イラスト：柳澤秀紀

傾向にあったものが、逆転して大きくなるものだろうか？　ここに疑問を持たれているのだ。そのため、両者はつながっていないのではないか、との指摘がある。

アダピス類とオモミス類の議論に関連して、よく知られている霊長類がいる。ドイツの南西部にある世界的な〝優良化石の産出地〟――「グルーベ・メッセル」の約4800万〜約4700万年前の地層から化石が発見された「ダーウィニウス（*Darwinius*）」だ。生物学史・古生物学史・自然科学史における超有名人、『種の起源』や進化論で名を馳せた、イギリスのチャールズ・R・ダーウィンの名を冠する霊長類である。

ダーウィニウスは、ゼンケンベルク研究所（ドイツ）に所属するイェンス・L・フランツェンたちによって2009年に報告され、「PMO214.214」の標本番号をもつ化石で知られる。この化石には、論文著者の一人であるヨルン・フールムの娘の名前にちなんだ「イーダ」の愛称がつけられており、こちらの方が有名かもしれない。

イーダは、頭胴長約24センチメートル、そして、約34センチメートルの長い尾をもっていた。指には平爪があり、親指が他の指と向かい合う「母指対向性」もはっきりと確認できる。歯が示す食性は果実食であるという。

フランツェンたちは、ダーウィニウスをアダピス類に分類した上で、アダピス類こそが〝ヒトに至る系譜〟であると主張した。ダーウィニウスはアダピス類から〝ヒトに至る系譜〟が登場する過程の種類であるという。例えば、**前臼歯（小臼歯）が2本しかない、というダーウィニウスの特徴は、のちの〝ヒトに至る系譜〟にしかない特徴だ。**

当時、フランツェンたちが論文発表と同時にメディア戦略を展開したこともあり、「人類の祖先のミッシングリンクを埋める存在」として、ダーウィニウスの知名度はいっきに上がった。メディア戦略の一環で、『THE LINK』という一般向けの書籍が論文発表とほぼ同時に刊行された。そして、原著の刊行からわずか4ヵ月後には、『ザ・リンク』という書名で邦訳版も出版されている。なにしろ、本書でここまでみてきたように、初期の霊長類に関す

ダーウィニウス
アダピス類。ドイツに分布する始新世の地層から化石が発見された。イラスト：橋爪義弘

る情報はかなり限られている。全身がほぼ揃っているイーダは、かなり貴重な標本なのだ。

しかし、フランツェンたちの論文が発表された2009年のうちに、ニューヨーク州立大学ストーニーブルック校（アメリカ）のエリック・R・シーファートたちが、エジプトの始新世後期の地層から化石が発見された、新たな霊長類として「アフラダピス（*Afradapis*）」を報告。「ダーウィニウスに近縁のアダピス類」と位置付けたのちに、「アダピス類は〝ヒトに至る系譜〟にはつながらない」とした。改めて117種の霊長類の形態を調べたところ、アダピス類には、〝ヒトに至らない系譜〟との共通点の方が多いという。ダーウィニウスにみられる〝ヒトに至る系譜〟の（ような）特徴は、進化の過程でそれぞれ独自に獲得されたものが結果として似る現象――「収斂進化」であると指摘された。

アダピス類が〝ヒトに至る系譜〟につながらないとしたら……彼らは、のちに「曲鼻猿類《きょくびえんるい》」と呼ばれるグループに至

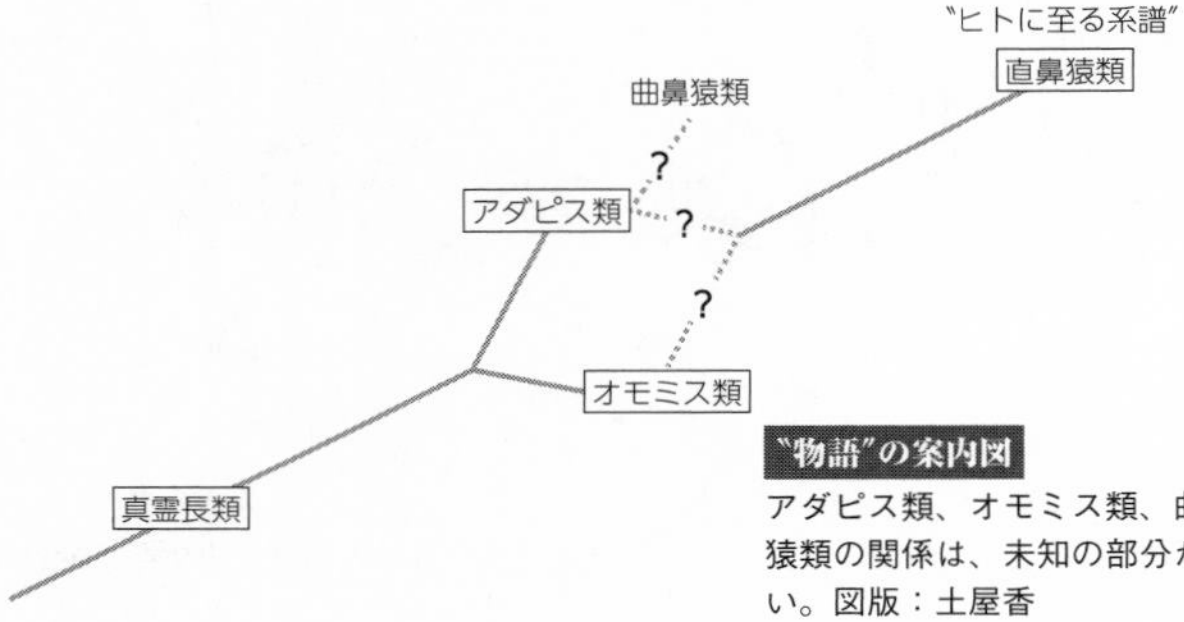

〝物語〟の案内図

アダピス類、オモミス類、曲鼻猿類の関係は、未知の部分が多い。図版：土屋香

ると考えられている。キツネザルの仲間だ。「キツネザル」という名前はこのグループの特徴をよく捉えており、吻部が長く、顔つきはキツネに似ている。〝ヒトに至る系譜〟はこちらではない。したがって、ダーウィニウスも、人類の祖先とは〝別の系譜〟となる。

　アダピス類とオモミス類の議論は、行く末を見守る必要があるとしても、**その後の霊長類は、またしても二つのグループに分かれることになる。一つは先ほどの「曲鼻猿類」であり、もう一つは「直鼻猿類《ちょくびえんるい》」である。「直鼻猿類」は、吻部が短く、いわゆる「サル顔」だ。〝ヒトに至る系譜〟は、直鼻猿類に属している。**〝人類に連なる物語〟は、直鼻猿類で続くのだ。

※真っ直ぐな鼻を得て、メガネザルの仲間と分かれる

　曲鼻猿類と直鼻猿類。このグループ名は、漢字そのまま、鼻の構造のちがいを指している。すなわち、曲鼻猿類では鼻の内部が曲がっており、**〝ヒトに至る系譜〟を内包する直鼻猿類では鼻の内部が真っ直ぐだ。【第47の特徴】**である。

　そして、**曲鼻猿類と分かれた直鼻猿類は、さらに二つのグループに分かれることになった。「メガネザル類」と〝ヒトに至る系譜〟**である。

　メガネザル類は、まるでメガネをかけているかのような、大きな眼を特徴とする。大きすぎるその眼球は眼窩内では動かせない。私たちのように、「視線だけを動かす」ということができな

いのだ。いっぽうで、首はぐるりと180度回転する。見たいモノに「眼を向ける」のではなく、「顔を向ける」のだ。基本的に小型の種が多く、尾が長い。現生種は夜行性で、昆虫を食べる。

最古級のメガネザル類の一つとして、中国科学院のニイたちが中国に分布する約5500万年前——始新世初頭の地層から発見・報告した「アーキセブス（*Archicebus*）」がいる。最古級のメガネザル類であると同時に、直鼻猿類としても最古級の存在だ。また、メガネザル類としては、最初期の種の一つでもあるという。

化石は頭部と後半身がほぼまるごと残っていた。これは、霊長類全体を見渡しても、この時代としてはかなり珍しい。そして、その化石から推測される全長はわずか7センチメートルほど。体重は20〜30グラムしかなかった。500円玉3〜4枚程度の重さである。

アーキセブスの特徴として、現生のメガネザルほどには眼窩が大きくなかった点を挙げることができる。そのため、眼球もさほど大きくはなかったとされ、さほど大きな眼を必要としない昼行性だったとニイたちは指摘している。

長い後ろ脚は、跳躍に適していたとも分析されている。樹木から樹木へと飛び移っていたのかもしれない。

ニイたちの分析によると、アーキセブスにはオモミス類と共通する特徴がみられるという。こ

アーキセブス
メガネザル類。中国に分布する始新世の地層から化石が発見された。イラスト：柳澤秀紀

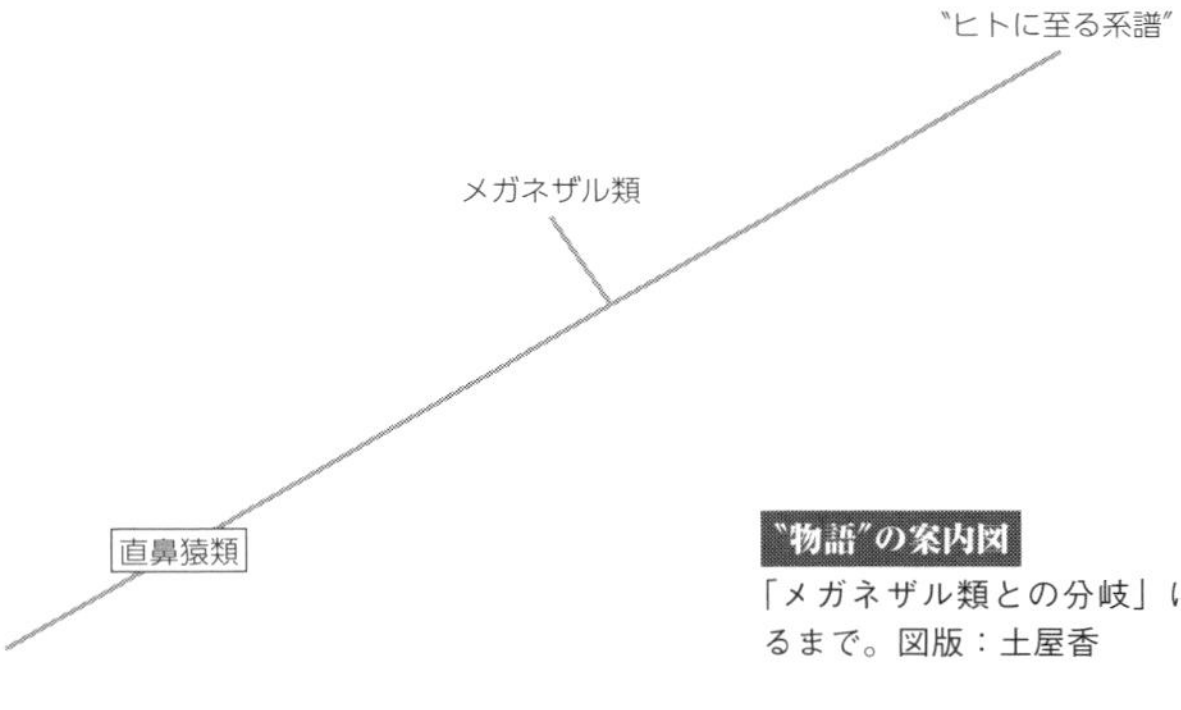

"物語"の案内図
「メガネザル類との分岐」に至るまで。図版：土屋香

うした点は、オモミス類が直鼻猿類の祖先であることを示す証拠になり得るとされている。

もう一つ、重要な点がある。それは、アーキセブスの生息していた**約５５００万年前の時点で、メガネザル類と〝ヒトに至る系譜〟は袂を分かっていたという点だ。**暁新世の開幕から約１００万年ほどの時間で物語はここに至っていた。

あいも変わらず、進化は急速に進んでいたのである。

※眼の〝後ろ〟に壁を獲得する

さて、実は、ここまでみてきたすべての動物たちの頭骨には、共通する特徴があった。

「眼窩」である。

眼球を入れる空間が頭骨にすっぽりと〝開いて〟いる。頭骨を見るとき、眼窩を覗けば、頭骨の内側を見ることができる。

しかし、私たちヒトの頭骨ではそれができない。**ヒトの頭骨において、眼窩は「孔」ではなく、「穴」となっている。つまり、眼窩の奥（後ろ）に壁ができていて、脳へと続く神経の通り道の小さな裂け目を除き、正面以外は塞がっている。**

この骨の壁は「眼窩後壁《がんかこうへき》」と呼ばれる。眼をしっかりと保持する役割を担う。

【第48の特徴】といえる眼窩後壁は、メガネザル類と袂を分かったのちの直鼻猿類に獲得され

た。**眼窩後壁をもつこのグループを「真猿類」という。**「真の猿」という字面が、いよいよ、ヒトに近づいていることを示唆している。

1996年、デューク大学（アメリカ）のエルウィン・L・サイモンズと、D・タブ・ラスムセンは、エジプトで発見された長さ5センチメートル弱の頭骨の化石を分析し、そこに眼窩後壁があることを見出した。今のところ、この頭骨の主である「カトピテクス（*Catopithecus*）」が、眼窩後壁が確認できる最古の種とされている。全身の姿についてはよくわかっていないが、真猿類という分類群を考えれば、およそ〝サルっぽい〟と考えておけば、当たらずとも遠からずだろう。

カトピテクスの化石が産出した場所は、「ファイユーム盆地」と呼ばれる場所だ。ここには、約3600万～約3200万年前の地層が分布している。この年代値は、始新世末から、その次の時代である漸新世初頭を指している。現在では、乾燥した土地の一つだけれども、地層の分析からカトピテクスが生きていた時代は、現在の熱帯林のものに似た植物が茂る沼沢地《しょうたくち》だったとみられている。カトピテクスのみならず、多くの霊長類の化石のほか、ヤマアラシ、テンジクネズミ、オポッサムなどの多様な哺乳類がいたことがわかっている。

そんな多様な種を育む森の中で、眼窩後壁によって保持された視界は、大いに役立ったにちがいない。不安定な樹木の上で視界を安定させることは、姿勢を安定させることとともに大切だっ

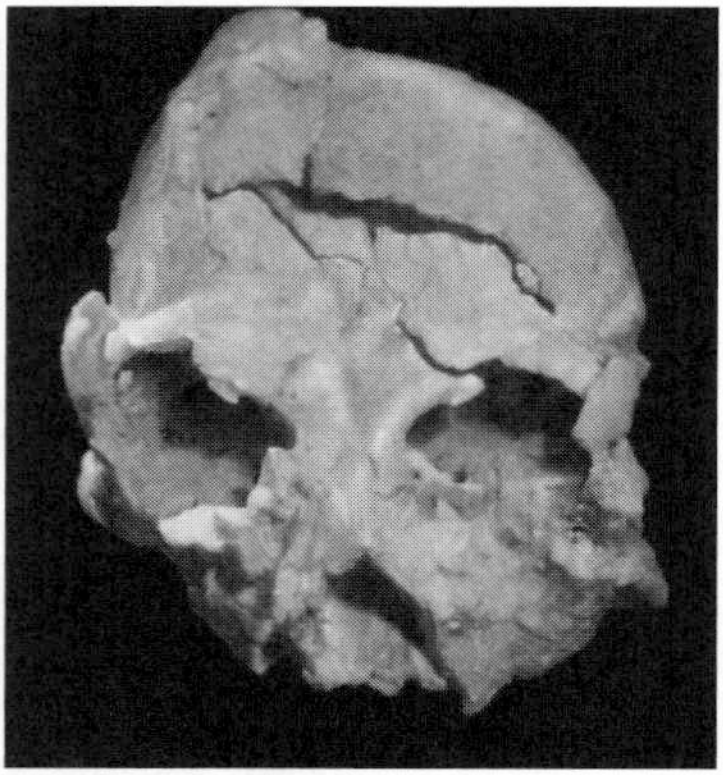

カトピテクスの眼窩後壁

カトピテクスの頭骨。眼窩を覗くと壁が見える。この壁の獲得が、物語を一歩先へ進めた。

写　真：Simons & Rasmussen, Skull of Catopithecus browni, an early tertiary catarrhine, American Journal of Physical AnthropologyVolume 100, Issue 2, p.261-292 より引用

カトピテクス

真猿類。エジプトに分布する始新世の地層から化石が発見された。

イラスト：柳澤秀紀

たはずだ。

さて、お気づきの読者もいるかもしれない。

アーキセブスが示唆するメガネザル類と真猿類の分岐は、遅くとも約5500万年前だ。この時点で、メガネザル類はすでに登場し、〝ヒトに連なる系譜〟とは別の道を歩み始めていた。

そして、〝最古の真猿類の化石〟であるカトピテクスの化石は、約3600万年前である。

両者の間――真猿類が登場したとされる〝理論上の時期〟と、〝最古の化石〟の間には、実に2000万年近い時間が空いている。

眼窩後壁は、真猿類の最も重要な特徴とされるものの、じつはさほど丈夫ではない。原始的な眼窩後壁ほど脆《もろ》いとされており、化石化の際に壊れやすかったとみられている。そうなると、発見は至難といえる。事実、カトピテクスの眼窩後壁が報告されて以降、四半世紀以上の歳月が経過しているにもかかわらず、カトピテクスより古く、原始的な眼窩後壁をもつ真猿類の化石は発見されていない。

こうなると、真猿類の登場時期と、最古の種の姿が気になってくる。

これが謎だ。

さらに言えば、先に書いたように、オモミス類とアダピス類の関係も不鮮明であり、当然のことながら、その先にあるメガネザル類との関係にも疑問符がつけられている。混沌としており、今後の発見と研究の進展に期待したいところである。

※「新」「旧」分離

真猿類はその後、二つのグループに分かれた。

一つは「広鼻猿類《こうびえんるい》」であり、もう一つは「狭鼻猿類《きょうびえんるい》」である。

この二つのグループのちがいは、またもやグループ名を示す漢字に表れている。つまり、広鼻猿類は左右の鼻の孔の間隔が広くて外に向いており、狭鼻猿類は左右の鼻の孔の間隔が狭くて下に向いている。

鏡を見ていただければ、〝ヒトに至る系譜〟がどちらかは自明だろう。私たちヒトの鼻の孔は、下を向いて開き、左右で隣り合っている。〝ヒトに至る系譜〟は、狭鼻猿類なのだ。**【第49の特徴】として、「左右の鼻の孔の間隔が狭くて下に向いている」を挙げておきたい。**

鼻の孔以外にも両者にはちがいがある。**広鼻猿類は前臼歯（小臼歯）が3本ずつあることに対して、狭鼻猿類には2本ずつしかない。「前臼歯（小臼歯）が2本ずつ」は【第50の特徴】といえるだろう。**進化は、顔と口内で進んでいる。

この個数のちがいは、「進化の順番」を考える際の手がかりとなる。

ご記憶だろうか。黎明の章で紹介した指の本数の話を。

かつて、四足動物が初めて手足をもったとき、その指の本数は8本あった。その後、〝ヒトに至る系譜〟では5本になっている。途中で袂を分かったグループには、1本指のケースもある。進化を重ねる中で、数が少なくなったのだ。

進化の過程で失われたものは、基本的に〝復活〟しないと考えられている。その視点に立てば、狭鼻猿類は広鼻猿類よりも進化的だ。前臼歯の数が減っているからだ。

知られている限り最も古い広鼻猿類は、京都大学の高井たちによって、ボリビアに分布する漸新世後期の地層から発見・報告されている。その名前を、「ブラニセラ（*Branisella*）」という。そして、ブラニセラ以降、すべての広鼻猿類は、化石も現生種も中南米だけでみつかり、生息している。現生種でいえば、マーモセットの仲間、オマキザルの仲間などであり、少なくとも現生種はすべて樹上性で、長い尾をもつ。彼らは「新世界ザル」とも呼ばれている。ちなみに、「旧世界ザル」という名称もある。これは、狭鼻猿類の中の一群を指す。

ここで、解明されていない謎が一つある。

それは「生息地の謎」だ。

最も古い真猿類の一つであるカトピテクスなど、ここまで〝ヒトに至る系譜〟の舞台は、旧世界――アフリカ大陸とユーラシア大陸だった。しかし、そんな真猿類から進化したはずの広鼻猿類は、いきなり新世界――大西洋を渡った対岸に出現しているのである。

ブラニセラ
広鼻猿類。ボリビアに分布する漸新世の地層から化石が発見された。イラスト：柳澤秀紀

そして、これがどうも、「広鼻猿類は、じつは昔から中南米にいた」というわけではないらしいのだ。なにしろ、最も古い広鼻猿類とされるブラニセラに、カトピテクスが発見されたエジプトのファイユーム盆地の真猿類との共通点が見出されるのである。つまり、広鼻猿類の祖先は、アフリカ大陸、少なくとも〝旧世界〟に生息していた可能性が高い。

中生代から続く超大陸の分裂によって、当時すでに大西洋はかなり〝開いて〟いた。アフリカ大陸から南アメリカ大陸までは、１５００キロメートル以上もあったとされる。これは、現在の日本でいうところの、北海道の宗谷岬と高知県の室戸岬の直線距離に相当する。とても泳いで渡ることができる距離じゃない。

アフリカをスタートし、ユーラシア大陸を東に横断し、大西洋よりはかなり狭いベーリング海峡を泳いで渡り（あるいは、ベーリング海峡はしばしば陸化していたので、その〝陸橋〟を歩いて渡り）、北アメリカ大陸を縦断して、中南米（ブラニセラの化石産地）に到達した。その可能性は、ゼロではない。

しかし、北アメリカ大陸からは、広鼻猿類の化石はいっさい発見されていない。それどころか、ユーラシア大陸からも発見されていない。少なくとも化石記録からは、彼らが「歩いて中南米に達した」という足跡を追うことはできないのだ。

この謎に迫った一冊として、ネヴァダ大学（アメリカ）のアラン・デケイロスが著したのが『サルは大西洋を渡った』（原著は2014年刊行、邦訳版は2017年にみすず書房より刊行）である。

デケイロスは、アフリカ大陸と南アメリカ大陸の間に点在する島々に注目し、さらにアフリカ大陸から西へ向かう海流も考慮に入れて、「途方もなく奇異ではない」としている。さらに、広鼻猿類だけではなく、同様の〝大西洋越え〟は、11事例もあることに言及し、当時、さまざまな動物たちによる〝海洋横断の旅〟があった可能性に言及した。

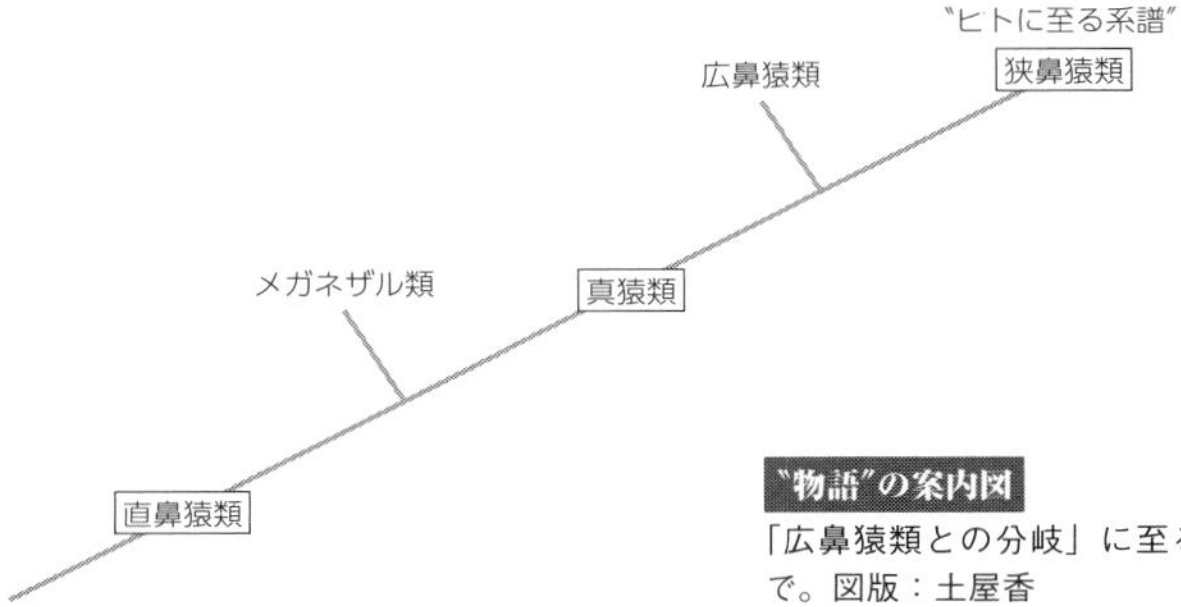

〝物語〟の案内図
「広鼻猿類との分岐」に至るまで。図版：土屋香

いずれにしろ、本書は〝人類に連なる物語〟をテーマとしているので、〝ヒトに至る系譜〟と袂を分かった広鼻猿類についての話はここまでとしておこう。広鼻猿類だけではなく、広鼻猿類を含めたさまざまな動物の拡散の歴史や進化史に興味のある方には、同書の一読をお勧めしたい。

❈さらに向上した〝把握能力〟

霊長類は、母指対向性を獲得していた。親指が他の指と向かいあい、対象を握ることができる。**狭鼻猿類の手は、この能力が向上していた。親指の腹を他の指の腹と密着させることができた。さらに親指だけをぐるぐると回転させることができるようになった。さらなる把握能力を獲得し、より繊細かつ精密に、対象を摑むことが可能になった。「そっとつまむ」ができるようになったのである。この〝高精度の母指対向性〟を【第51の特徴】としておきたい。**

初期の狭鼻猿類の代表格ともされるのは、エジプトのファイユーム盆地から化石が発見されている「エジプトピテクス（*Aegyptopithecus*）」だ。

エジプトピテクスは、全身の骨こそ発見されていないものの、良質な部分化石がいくつもあり、情報が多い。推測される頭胴長は30センチメートルほどで、おそらく長い尾があった。推測される体重は6キログラムほど、脳の容積は15～22立方センチメートルだった。こうした値は、推測エジプトピテクスの近縁種と比べると大きめであるとされる。

眼球が入る眼窩後壁は〝完全な状態〟になっている。そして、鼻面はやや突出し、どことなく現在のサルを彷彿とさせる。大きな犬歯をもつものの、その形状から、おそらく主食は果実だったとみられている。昼行性で、樹上で暮らしていたらしい。体格の大きく異なる個体が発見されていることから、性的二型があり、雌は雄よりもはるかに小さかったようだ。

ファイユーム盆地から産出する化石が示唆するように、エジプトピテクスは漸新世初頭の狭鼻猿類だ。つまり、このときまでに、真猿類は、広鼻猿類と、狭鼻猿類に分かれていた。

エジプトピテクス
狭鼻猿類。エジプトに分布する漸新世の地層から化石が発見された。イラスト：柳澤秀紀

そして漸新世の間に、狭鼻猿類も分かれていく。

実は、エジプトピテクスは初期の狭鼻猿類だけれども、その系譜はヒトとつながらない。エジプトピテクスとその近縁種からなるグループは、やがて姿を消していく。

エジプトピテクスの仲間たちと分かれた狭鼻猿類は、二つの系譜に分かれた。一つは「オナガザル類」であり、もう一つが〝ヒトに至る系譜〟である。

オナガザル類と〝ヒトに至る系譜〟は、兄弟のような関係にあり、どちらが祖先的・子孫的というわけではない。ともにアフリカ大陸を〝故郷〟とし、ユーラシア大陸へ拡散していった。先ほど、南アメリカ大陸に渡った広鼻猿類を「新世界ザル」と呼ぶと紹介した。オナガザル類は、これに対して「旧世界ザル」と呼ばれている。旧世界、つまり、アフリカ大陸とユーラシア大陸において、進化の物語を紡いだグループというわけだ。

オナガザル類の中にもいくつかのグループがある。そのうちの一つは、ギリシア、イタリア、ブルガリア、アフガニスタンなどから化石がみつかっている「メソピテクス（*Mesopithecus*）」を祖先とするグループだ。

メソピテクスは頭胴長60センチメートルほどで、スマートなからだつきをしており、長い尾をもっていた。漸新世の次の時代である中新世から、その次の時代である鮮新世《せんしんせい》にかけて繁栄し、主に樹上で暮らし、地上も生活圏としていたと考えられている。

メソピテクス
オナガザル類。ギリシア、イタリアなどに分布する中新世と鮮新世の地層から化石が発見された。イラスト：柳澤秀紀

メソピテクスを祖先、あるいは、祖先に近い存在として、現在まで子孫を残すこのグループは、「コロブス類」と呼ばれている。コロブスやラングール、コノハザルといった現生種を今に残す。生息域を広げていく中で、じつは、日本にもコロブス類が約３００万年前に到達していた。神奈川県から、「カナガワピテクス（*Kanagawapithecus*）」というコロブス類の頭骨化石が報告されているのだ。

オナガザル類には〝狭い意味のオナガザル類〟もある。つまり、同じオナガザル類でありながらも、コロブス類とは別の系譜として進化を重ねたグループだ。現生種では、マカクやヒヒなどが属している。現代日本で私たちとともに生きるニホンザルも〝狭い意味のオナガザル類〟である。

こうした旧世界ザルと袂を分かった〝ヒトに至る系譜〟が、「類人猿」である。

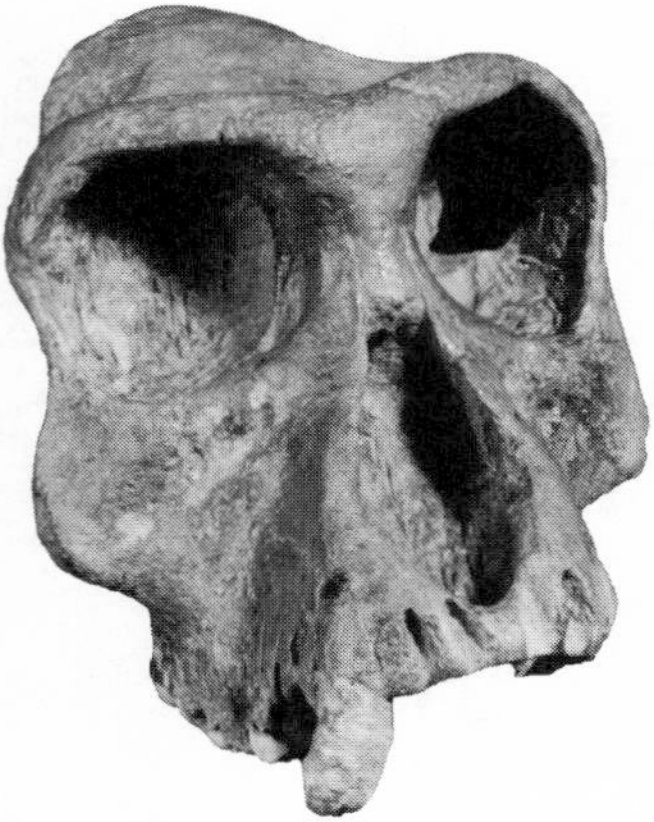

カナガワピテクス
コロブス類。写真は、神奈川県に分布する鮮新世の地層から発見された化石。写真：神奈川県立生命の星・地球博物館

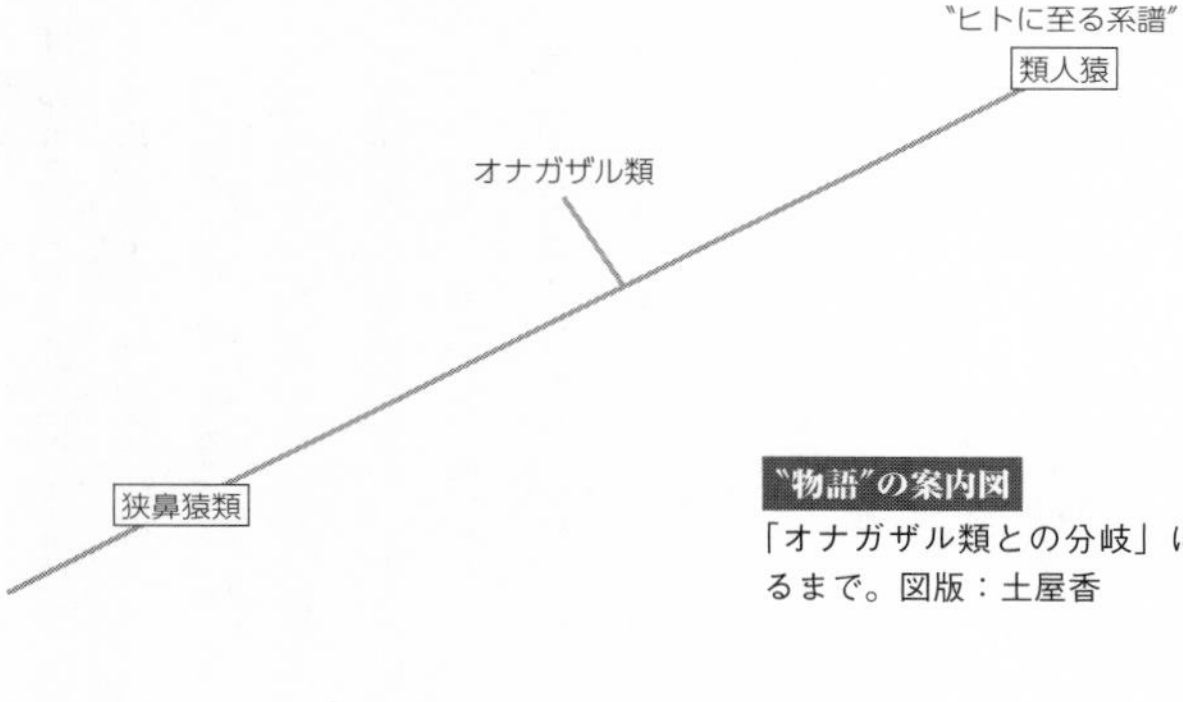

"物語"の案内図
「オナガザル類との分岐」に至るまで。図版：土屋香

約6600万年前、新生代古第三紀暁新世の幕が上がったとき、すでに胎盤を備えていたとみられる（第36の特徴）有胎盤類は、大型化を成し遂げ（第37の特徴）、そして突然の多様化を遂げることになった。遅くてもこの時期までには、大脳新皮質を獲得していた（第38の特徴）。

この多様化を〝人類に連なる物語〟の視点でみれば、それは「分かれ（別れ）の歴史」だったといえる。分かれは突然で、迅速だった。

まず、ゾウの仲間たちである「アフリカ獣類」と分かれた。

その後、イヌやネコの仲間たちである「ローラシア獣類」と分かれた。

そして、ネズミの仲間である「グリレス類」と分かれ、ヒヨケザルの仲間である「皮翼類」とツパイの仲間である「登木類」と分かれた。

化石記録を見るかぎり、ここまでに要した時間は、わずか数十万年である。いや、もっと短い時間だったのかもしれない。この期間はよくわかっていない。とにかく短期間だ。

こうして登場した「霊長類」は、すでに立体視が可能であり（第39の特徴）、色覚は赤色と緑色を区別できる「3色型色覚」を備えている（第43の特徴）。その吻部は他の有胎盤類と比べると短く（第40の特徴）、口においては切歯と犬歯の間に隙間はない（第41の特徴）。手と足の指の先端は平爪であり（第42の特徴）、親指が他の指と向かい合う「母指対向性」をもち（第44の特徴）、指紋（第45の特徴）と掌紋（第46の特徴）を発達させ、対象をしっかりと「摑む」ことができた。

その後、〝謎の多い時期〟を経て、内部が真っ直ぐに伸びる鼻（第47の特徴）を備えた「直鼻猿類」が登場した。そして、眼窩後壁（第48の特徴）を発達させた「真猿類」につながっていく。

左右の鼻孔が近づいて下を向き（第49の特徴）、２本ずつの前臼歯をもち（第50の特徴）、さらに母指対向性を発展させた（第51の特徴）真猿類として、「狭鼻猿類」が現れ、そして、「類人猿」へと物語は続いていく。

約６５８６万年前までに登場した霊長類は、約２３００万年前に古第三紀漸新世が終わる前に、類人猿の登場まで物語をいっきに進めた。

漸新世の終わりは、約４３００万年間続いた「古第三紀」という時代の終わりでもある。すなわち、古第三紀という一つの「紀」の中で、〝ヒトに至る系譜〟では、ついに「人」の文字を冠した分類群の登場となったのだ。

ヒト——ホモ・サピエンス（*Homo sapiens*）の登場まで、もう少しだ。

謎の多いカナガワピテクス

カナガワピテクスは、アフリカ大陸を故郷とする「旧世界ザル（オナガザル類）」の一種だ。

カナガワピテクスの化石は、神奈川県の中部の愛川町で、1991年に発見された。その後の2005年と2012年の研究を経て、「コロブス類」に分類された。日本産の化石としては、初めて独立属として認められたサルでもある。

本文中で紹介したように、コロブス類はニホンザルとは同じオナガザル類ではあるけれども、別のグループである。コロブス類の現生種の分布域は、アフリカからアジアまで広い。

カナガワピテクスの存在は、ニホンザルとは別系統であるコロブス類が、アジアの東端である日本列島までたどりついたこと、かつての日本列島にはニホンザル以外のサルが生息していたことを示す証拠でもある。

ただし、カナガワピテクスには謎が多い。まず、頭骨しか発見されていないため、全身の姿は不明だ。そして、アジアのコロブス類との祖先・子孫の関係もわかっていない。さらに、神奈川県以外でその化石が発見されていない。

改めて書くまでもなく、大陸から神奈川県に到達するまでには、関東以外の地域を経由しなければならない。しかし、その〝経由の痕跡〟がない。カナガワピテクスの祖先は、いつ、どこにいた種であり、大陸からどのような経路を通り、神奈川県に到達したのかも謎なのだ。

人類の章

※冷えていく世界

じつは、〝最古の真猿類〟の時代あたりから、世界は冷えるようになっていた。

古第三紀漸新世は、寒暖の繰り返しが激しい時代であり、その中で〝人類に連なる物語〟は展開した。

そして、約2300万年前に古第三紀が終わり、新第三紀が始まると、基本的には寒冷な世界が広がっていくことになる。

新第三紀は、約533万年前を境として、古い「中新世」と、新しい「鮮新世」で構成されている。スコテーゼたちの2021年の論文によれば、中新世の半ばにあった「MMTM（the Middle Miocene Thermal Maximum）」と呼ばれる一時的な温暖期をすぎると、寒冷化の傾向が強くなる。200万年ほど続いたMMTMでは、平均気温が18・5℃に達していた。その後、中新世末までに地球の平均気温は、16℃前後にまで冷え込んでいく。

そして、鮮新世の前半期の平均気温は14℃前後となり、後半期になると冷え込んで、13℃付近にまで低下する。この寒冷化とあわせるように、乾燥化も進んだ。

鮮新世は約258万年前まで続き、約258万年前を境として新第三紀は終わる。新たに始まった第四紀では、地球の平均気温は〝寒さの底〟に達した。いわゆる「氷河時代」が本格化したのだ。現在でこそ、地球の平均気温は約15℃にまで〝回復〟しているけれども、2021年のスコテーゼたちの論文によれば、約2万年前の平均気温は約11℃しかなかった。

かつて、霊長類の進化の舞台だった森林地帯は縮小し、草原が広がっていく。

古第三紀のうちに、〝人類に連なる物語〟は類人猿に到達していた。

新第三紀になって、いよいよ物語は、「人類」の登場へと紡がれていくことになる。舞台の中心は、アフリカ大陸だ。

※類人猿が失ったもの、得たもの

仮にサルが進化しつづけても、ヒトに至ることはない。なぜならば、一般に「サル」と呼ばれる「旧世界ザル」のグループは、〝ヒトに至る系譜〟と古第三紀のうちに袂を分かっているからだ。サルとヒトは、いわば親戚のような関係にあり、共通する祖先は存在するものの、進化の道筋は別である。なお、すでに見てきたように、新世界ザルのグループは、旧世界ザルと〝ヒトに至る系譜〟が分かれる前に分岐している。彼らは、旧世界ザルよりも私たちとは遠縁の存在だ。

旧世界ザルと袂を分かった〝ヒトに至る系譜〟には、「類人猿」が登場した。

生物学では、分類を「界・門・綱・目・科・属・種」といった階級で分ける「階層分類法」というものがある。類人猿をこの階層分類法で表記すると「ヒト上科（Hominoidea）」となる。この表記が意味するように、類人猿というグループは、ヒトを内包する。現生種でいえば、ヒト以外にもテナガザルの仲間やオランウータン、ゴリラ、チンパンジー、ボノボなどが含まれる。

初期の類人猿の〝代表的な姿〟は、ケニアに分布する中新世の前期の地層から化石が発見されている「プロコンスル（*Proconsul*）」に見ることができる。

一見してわかる類人猿の特徴は、〝尾の部分〟にある。

同じ狭鼻猿類であっても、漸新世までに袂を分かったオナガザル類には長い尾がある（なにしろ、「オナガザル類」である）。

対して、初期の類人猿であるプロコンスルには、尾がない。【第52の特徴】だ。

霊長類において、尾は「素早い動き」をすることに使われている。京都大学霊長類研究所の編著『新しい霊長類学』（2009年刊行）によれば、樹上にしろ、地上にしろ、尾は高速移動時のバランス保持に用いられるという。そのため、プロコンスルに尾がなかったことから、プロコンスルが従来の霊長類ほどの素早い動きをしていなかった可能性が示唆されている。

口の中をみると、従来の狭鼻猿類よりも臼歯の咬頭は低くなり、雑食に適するようになった。**咬頭の低い〝雑食向きの臼歯〟は、【第53の特徴】である。**相対的に切歯が大きくなっていたこともも特徴といえるかもしれない。これは、雑食とはいえ、果実食に重点がおかれるようになっていた可能性を示唆している。
そして、頭部は大きくなり、脳容積が増した。

前肢は樹上生活に適したつくりとなっている。手では母指対向性がさらに発達し、「ものを掴む能力」は高かった。

いっぽうで、プロコンスルの足にも「ものを掴む能力」があったとみられている。プロコンスルの足の親指に、現生の類人猿と似た対向性が確認されるからだ。そして、後肢だけで立つことは難しく、跳躍や走行能力は乏しかったともされる。

総じて、プロコンスルは、まだ、手足で枝を掴む樹上生活者の特徴が濃い。

プロコンスル
類人猿。ケニアに分布する中新世の地層から化石が発見された。初期の類人猿を代表する存在。イラスト：橋爪義弘

全体的な姿としては、「尾がない」という点をのぞけば、オナガザル類とさほど変わらなかった。肩高は40センチメートルほど。頭胴長もオナガザル類と同じくらいだ。サイズという面でみても、オナガザル類とさほど変わらない。

もっとも、「尾がない」ということだけでも、革新的なことである。なにしろ、**四足動物として上陸してから3億年以上も、〝ヒトに至る系譜〟は、尾を備えていたのだ。その意味で、〝尾との決別〟は、その後の物語の展開を決定づけたのかもしれない。**

❇中新世の〝類人猿の惑星〟

プロコンスルの登場から数百万年後には、類人猿は空前の繁栄を勝ち取っていた。

アメリカ自然史博物館のセルヒオ・アルメシハたちは、2021年に中新世の類人猿についてまとめた論文を発表した。この論文によると、中新世当時の類人猿の分布域は、南はアフリカ大陸の南端、西は西ヨーロッパ、北は中央ヨーロッパ、東は東南アジアにまでおよんでいたという。現在の地球でヒトを除いた類人猿の分布域は、アフリカ大陸の西部から中央部（チンパンジーとゴリラの分布域）と、東南アジア（テナガザル類の分布域）に限られている点を考えれば、中新世の類人猿がいかに隆盛していたのかがわかる。

この時代、こうした地域には、（まだ）広大な森林が残っていた。樹上生活を主とする類人猿にとって、〝暮らしやすい世界〟が広がっていたのである。

当時の類人猿は50種類（属）以上が確認されている。現生種の2倍を軽く超える多様性だ。トロント大学（カナダ）のデイヴィッド・R・ビガンは、中新世のこの状況を指して、〝本当の類人猿の惑星（THE REAL PLANET OF THE APES）〟と呼んでいる（もちろん、「本当の」というのは、よく似たタイトルのフィクションがあるためだ）。

あまりにも多様な類人猿の存在が確認されているいっぽうで、〝本当の類人猿の惑星〟の住人たちに関しては、情報が複雑で混沌としている。それというのも、当時の多くの類人猿が、その後に現れる〝ヒトに至る系譜〟と共通する特徴をもちながらも、犬歯が大きいなどの〝明らかに原始的とわかる特徴〟も備えているからだ。

一つ、確かなことは、同じ類人猿であっても、早々に「テナガザルの仲間」と〝ヒトに至る系譜〟は、袂を分かったということだ。類人猿は、全般的に前肢が長いことを特徴とする。テナガザルの仲間は、文字通りその特徴がより顕著となっている。いっぽう、〝ヒトに至る系譜〟の類人猿は、テナガザルの仲間ほど、前肢が長くない。

テナガザルの仲間と分かれた類人猿は多様だった。いくつか紹介しよう。

一つは、エジプトなどから化石が発見されている「ドリオピテクス（*Dryopithecus*）」である。ニホンザルほどの大きさで、当時の類人猿としては控えめサイズの犬歯を特徴とする。

ドリオピテクス
類人猿。エジプトなどに分布する中新世の地層から化石が発見された。イラスト：橋爪義弘

シヴァピテクス
類人猿。アジアや中央ヨーロッパに分布する中新世の地層から化石が発見された。オランウータンに近縁とされる。イラスト：橋爪義弘

オレオピテクス
類人猿。イタリアやモルドバに分布する中新世の地層から化石が発見された。イラスト：橋爪義弘

二つ目は、「オレオピテクス（*Oreopithecus*）」だ。イタリアとモルドバから化石が発見されている。前肢は可動性に優れているという特徴がある。頭胴長は、約70センチメートル。ヒトサイズ、といえなくもない。

三つ目は、「シヴァピテクス（*Sivapithecus*）」である。身長1・5メートルほどで、現生のオランウータンに似た姿で復元されることが多い。化石は、インドやパキスタン、トルコなど、アジアから中央ヨーロッパにわたって広く産出している。

この3種類の中で、シヴァピテクスこそオランウータンに近縁とみられているものの、他の2種に関しては、現生種のどのグループに近縁であるのか定まっていない。アルメシハたちは、既知の中新世の類人猿の中には、〝ヒトに至る系譜〟やその近縁種がいない可能性さえも指摘している。類人猿における〝ヒトに至る系譜〟を詳《つまび》らかにするためには、さらなる発見が必要だ。

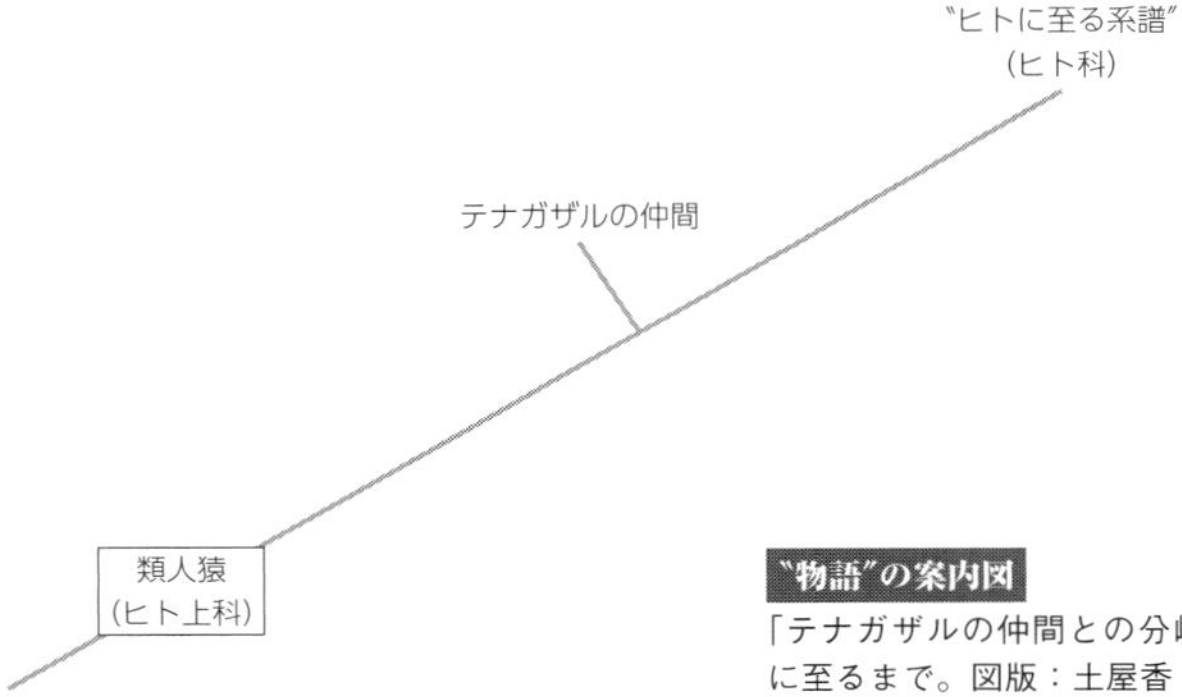

〝物語〟の案内図
「テナガザルの仲間との分岐」に至るまで。図版：土屋香

※オランウータン、ゴリラとの別れ

ゲノム解析によると、中新世に発生した「類人猿の多様化」の中で、〝ヒトに至る系譜〟は、テナガザルの仲間と分かれたのちに、オランウータンの仲間と分かれたらしい。

現生のオランウータンの仲間は、ボルネオ島とスマトラ島の熱帯林などに生息している。ボルネオ島に1種、スマトラ島に2種、合計3種が確認されている。ボルネオ島のオランウータンの学名を「ポンゴ・ピグマエウス（*Pongo pygmaeus*）」、スマトラ島の2種のオランウータンの学名を「ポンゴ・アベリイ（*Pongo abelii*）」と「ポンゴ・タパヌリエンシス（*Pongo tapanuliensis*）」という。それぞれ、「ボルネオオランウータン」「スマトラオランウータン」「タパヌリオランウータン」とも呼ばれている。頭胴長は、いずれの種も約1メートル。この値は、樹上生活をする現生類人猿としては最大だ。長い腕をもち、ほぼ全身を長い毛で覆い、ほほには肉ひだがある。3種いずれもが、国際自然保護連合のレッドリストで、「ごく近い将来における野生での絶滅の危険性が極めて高いもの」を意味する「絶滅危惧ＩＡ類（ＣＲ）」と指定されている。

こうしたオランウータン各種に近縁とされる類人猿の化石がいくつかみつかっている。その一つが、先ほど紹介したシヴァピテクスだ。ちなみに、シヴァピテクスのような〝オランウータンに近縁の類人猿〟の中には、推定身長3メートルという、現代日本の一般住宅では天井を突き破ってしまうほどの超大型の「ギガントピテクス（*Gigantopithecus*）」もいた。類人猿の繁栄が華やかだった中新世から数百万年のちの第四紀更新世の中国に生息していた。ただし、ギガントピテクスの発見されている化石は歯や下顎の一部のみであり、正確なサイズについては不明だ。姿もよくわかっていない。

２０１９年にコペンハーゲン大学（デンマーク）のフリド・ウェルカーたちは、中国南部で発見されたギガントピテクス・ブラッキーの歯のエナメル質を用いたゲノム解析に成功。その結果を発表した。ウェルカーたちの分析によると、ギガントピテクスは現生のオランウータンに近縁であり、オランウータンと袂を分かったのは、約１２００万〜約１０００万年前の中新世の中期であるという。

実は、これは「分析技術の進歩」という点では画期的な成果だった。化石のゲノム情報は、寒冷で乾燥した地域のものほど残りやすく、温暖で湿潤の地域のものほど残りにくい。ウェルカーたちが発見したギガントピテクスの化石は洞窟で発見されたものではあるものの、従来は「残りにくい」とされていた地域のものだった。

このギガントピテクス・ブラッキーの研究により、**中新世中期にはすでに、オランウータンと〝ヒトに至る系譜〟がそれぞれ独立した道を歩み始めていたことも示された。ギガントピテクスとオランウータンの分岐がこのタイミングにあったということは、つまり、〝ヒトに至る系譜〟**

ギガントピテクス
類人猿。中国に分布する更新世の地層から化石が発見された。「超大型の類人猿」とされるが、実際のところは謎が多い。イラスト：橋爪義弘

と〝オランウータンに至る系譜〟の分岐の年代は、さらに前ということになる。

そして、〝ヒトに至る系譜〟は、〝オランウータンに至る系譜〟と分かれたのちに、ゴリラの仲間たちと分かれた、とゲノム解析結果は指摘している。

現生のゴリラの仲間には、2種が確認されている。アフリカ大陸中央部に生息する「ゴリラ・ゴリラ（*Gorilla gorilla*）」と、アフリカ大陸西部に生息する「ゴリラ・ベリンゲイ（*Gorilla beringei*）」である。大きさはともに身長1・8メートルほどで、体重も150キログラム前後ある。現生の類人猿の中では、圧倒的な巨体を誇る。主な生活場所は地上だ。国際自然保護連合のレッドリストでは、オランウータンと同じく「絶滅危惧ＩＡ類（ＣＲ）」に指定されている。

2007年、東京大学総合研究博物館の諏訪元たちは、エチオピアからゴリラに近縁とみられ

る類人猿の歯化石を発見し、「チョローラピテクス（*Chororapithecus*）」と命名した。その後、兵庫県立人と自然の博物館の加藤茂弘たちは、チョローラピテクスを〝ゴリラに至る系譜〟に位置付けた上で、2016年に発表した研究で、その生息していた年代を約800万年前（中新世の後期）と分析した。

またもや「中新世の類人猿」だ。チョローラピテクスもまた、中新世の地球がいかに、類人猿の揺籃《ようらん》だったのかを物語る一例といえるかもしれない。

なお、ゴリラの仲間に近い類人猿としては、「ナカリピテクス（*Nakalipithecus*）」がより古い地層から報告されているものの、〝ゴリラに至る系譜〟であるのか、それとも、〝ゴリラに至る系譜〟と〝ヒトに至る系譜〟の両方に共通する祖先の種類であるのかについては、議論が分かれている。

ナカリピテクスが前者の場合、〝ゴリラに至る系譜〟と〝ヒトに至る系譜〟は、約1000万年前より前には分かれていたことになる。後者の場合は、約1000万年前の時点では〝ゴリラに至る系譜〟と〝ヒトに至る系譜〟はまだともにあった可能性が高い。ナカリピテクスの議論の行く末が〝ゴリラに至る系譜〟と〝ヒトに至る系譜〟の分岐の時期を左右することになるかもしれない。

いっぽう、チョローラピテクスは、〝信頼度の高いゴリラに至る系譜の類人猿〟としては、最

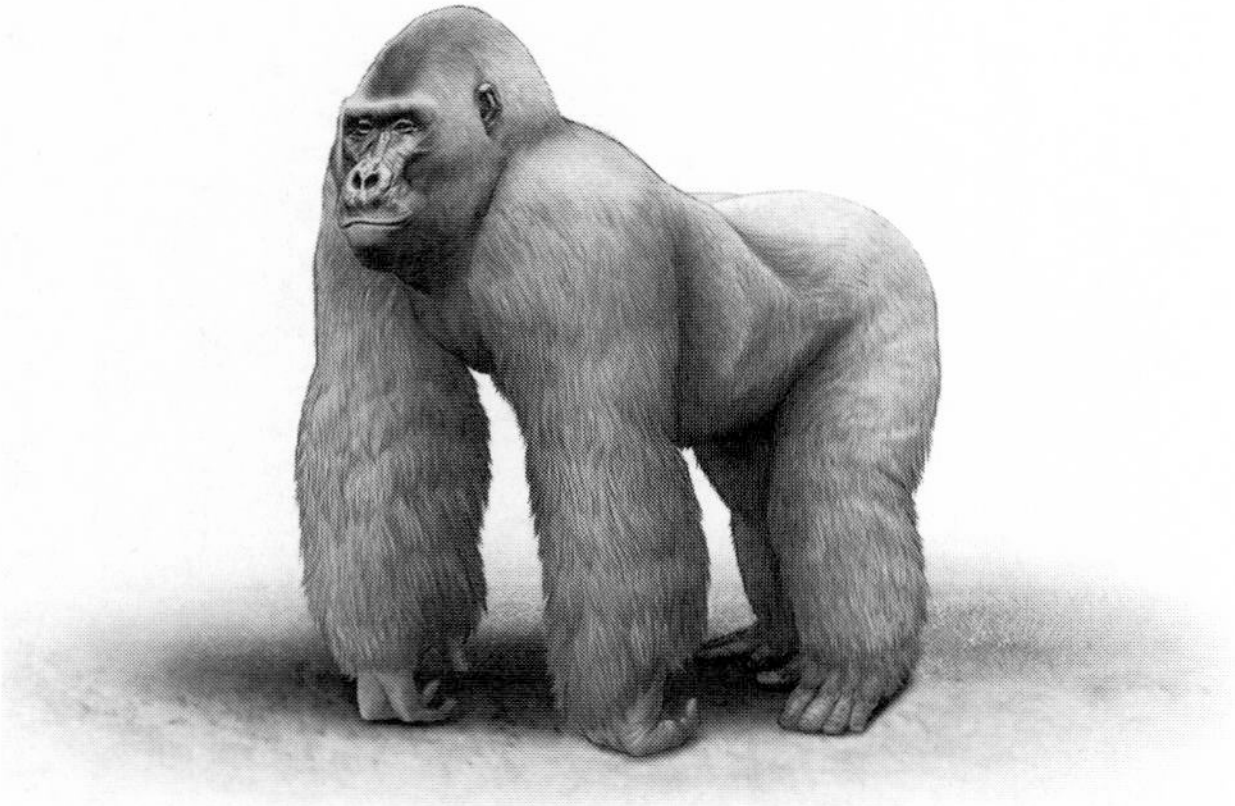

チョローラピテクス
ゴリラの仲間。エチオピアに分布する中新世の地層から化石が発見された。イラスト：橋爪義弘

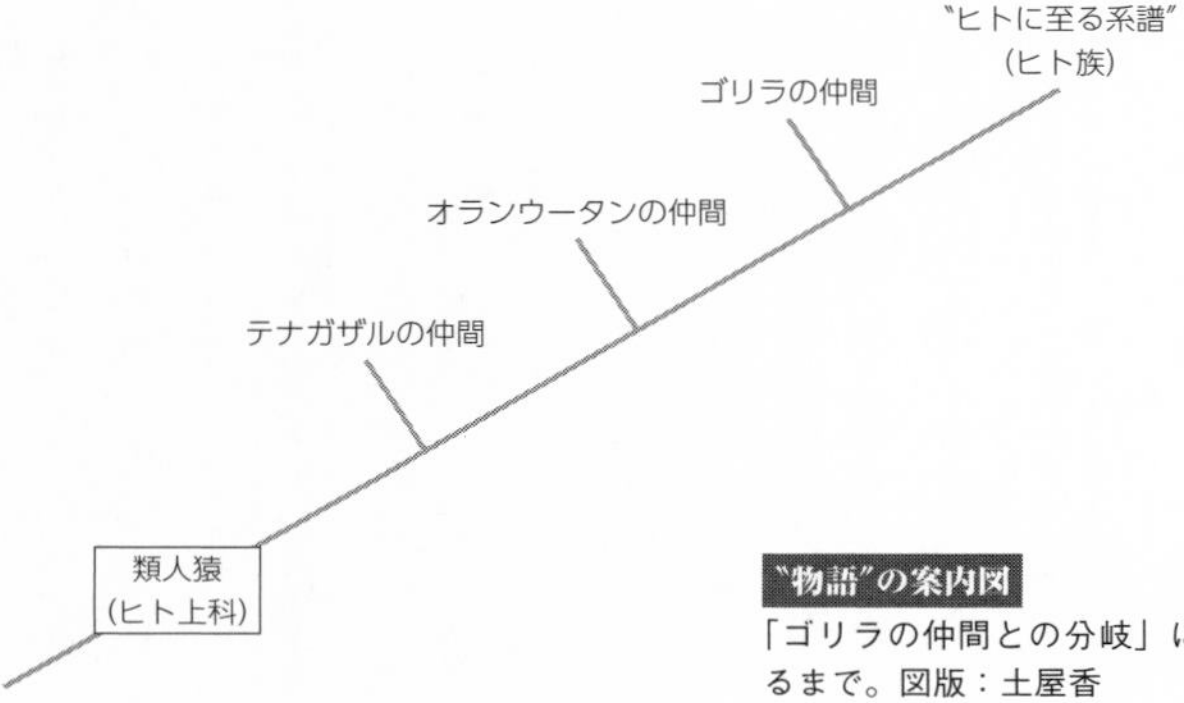

〝物語〞の案内図
「ゴリラの仲間との分岐」に至るまで。図版：土屋香

古級だ。つまり、**遅くとも約800万年前には、〝ヒトに至る系譜〟と〝ゴリラに至る系譜〟は袂を分かっていたことは確かといえる。**

※チンパンジーとの別れ

ゲノム解析の結果、**ヒトに最も近い現生動物は「チンパンジー」――「パン・トログロディテス(*Pan troglodytes*)」であることがわかっている。ヒトとチンパンジーの遺伝子配列の差は、わずか1・2パーセントほどしかない。つまり、約98・8パーセントはヒトとチンパンジーの遺伝子配列は同じなのだ。**京都大学野生動物研究センターのWEBサイトでは、「ヒトは98・8%チンパンジーであり、チンパンジーは98・8%ヒトなのです」と綴り、チンパンジーを数える単位として「頭」ではなく、「にん」を使用すると書いている。

実際、チンパンジーには、ヒトとの共通点が多い。

チンパンジーの身長は、大きなものでは1メートル近くある。これは、現代日本人でいえば、3歳児の平均身長とほぼ同等だ。手先は器用で、簡単な道具であれば使いこなすことができる。もちろん、知能も高い。口を開ければ、犬歯こそ長いものの、歯の数自体はヒトと同じ。

基本は四足歩行だけれども、二足歩行もする。なお、現生種はアフリカ西部と中央部のサバンナや川辺の林、熱帯雨林などに生息する。国際自然保護連合のレッドリストでは、「ⅠA類ほどではないが、近い将来における野生での絶滅の危険性が高いもの」を意味する「絶滅危惧ⅠB類」に指定されている。ちなみに「CR」は、「ごく近い将来における野生での絶滅の危険性が極めて高いもの」であり、「ⅠA類」とも表記される。オランウータンとゴリラがこれである。中新世に築かれた栄華はどこへ行ったのか。ヒトの隣人たる現生類人猿各種は、絶滅の危機に瀕しているのだ。

チンパンジーはゲノム解析の結果から、〝ヒトの隣人〟であることがわかっているものの、化石から追跡することができる進化史は謎に包まれている。〝ゴリラに至る系譜〟の情報も少なかった。〝チンパンジーに至る系譜〟に関しては、さらに輪をかけて少ない。

そんな希少な〝チンパンジーの仲間の化石〟として、2005年にコネチカット大学（アメリカ）のサリー・マクブレアティと、カリフォルニア科学アカデミー（アメリカ）のニーナ・G・ジャブロンスキーがケニアから発見・報告した歯化石がある。〝チンパンジーの仲間の化石〟として初めて発見された化石だ。約50万年前のものであり、これまで見てきた年代値の中では群を抜いて新しく、この化石自体は「最古級」と位置付けられていない。〝ヒトに至る系譜〟との分岐時期を示すものとしても、用いられることはない。

注目すべきは、「約50万年前」という年代と、「現生のチンパンジーそのものかどうか」という分類だ。

マクブレアティとジャブロンスキーは、この歯化石を「チンパンジーと同じ『パン（*Pan*）属』のもの」と位置付けているものの、同種の「パン・トログロディテス」であるとは特定しておらず、絶滅した同属別種がいた可能性も示唆している。

仮に、この歯化石が現生のチンパンジーと同種のパン・トログロディテスだった場合、現生のチンパンジーは、種として50万年以上の命脈を保っていたことになる。私たちホモ・サピエンスよりもよほど〝長命〟だ。50万年前には、ホモ・サピエンスは登場していない。

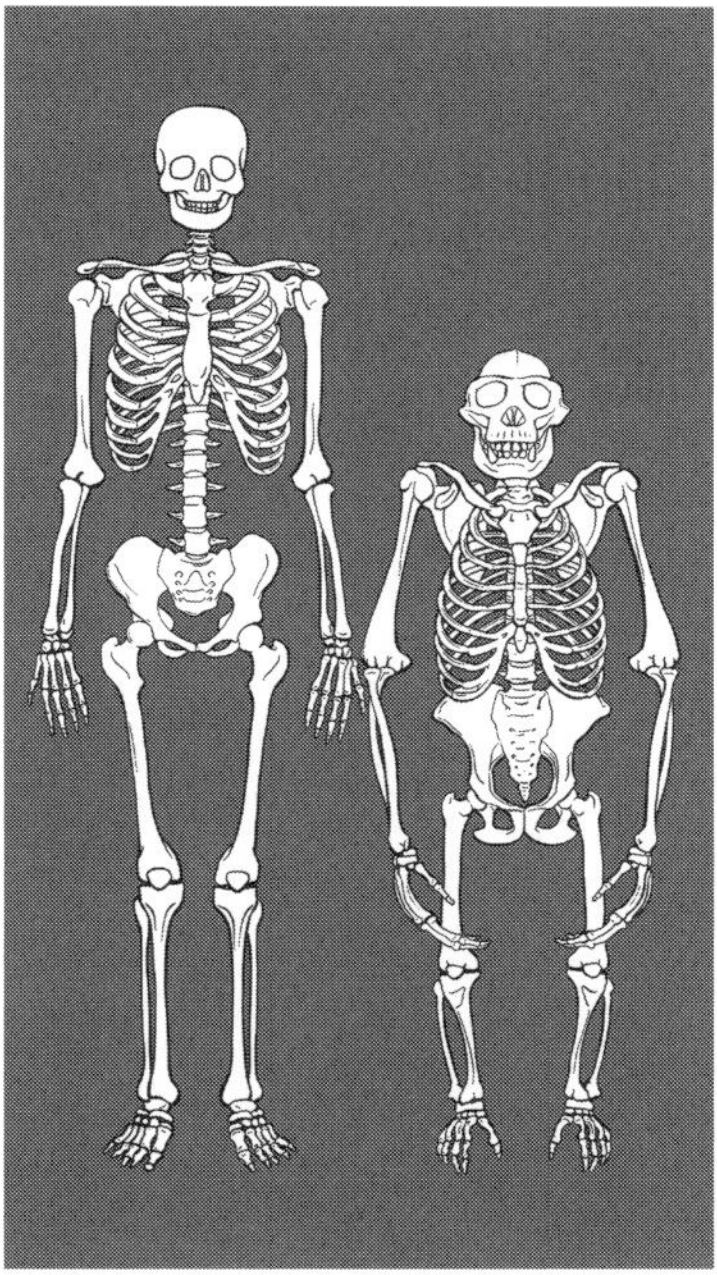

チンパンジーとヒトの骨格

ヒトに最も近い現生動物、チンパンジーの骨格（右）とヒトの骨格（左）。もちろん、細部では異なる点は多々あるものの、基本的なからだのつくりはよく似ている。イラスト：柳澤秀紀いっぽうで、パン属の未知の種だった場合、〃チンパンジーに至る系譜〃には、私たちの知らない多様化があったことになる。マクブレアティは、論文を掲載した『ネイチャー』誌のインタビューに対して、「絶滅したチンパンジーの種がたくさんいたとしても、私は驚かないだろう」と答えている。

いずれにしろ、**〃ヒトに至る系譜〃は〃チンパンジーに至る系譜〃と分岐した。ここに来て、ついに「人類（ヒト亜族）」の登場となる。**

※人類に連なる物語

ここまでの脊椎動物史における〃人類に連なる物語〃を簡単に振り返っておこう。

約5億1500万年前の古生代カンブリア紀の海に出現した最古級の〃ヒトに至る系譜〃は、歯も顎ももたないサカナだった。ただし、眼は備えていた。

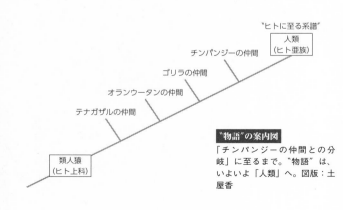

〝物語〞の案内図
「チンパンジーの仲間との分岐」に至るまで。〝物語〞は、いよいよ「人類」へ。図版：土屋香

約4億3900万年前の古生代シルル紀には歯をもつサカナが出現し、顎ももつようになった。そして、シルル紀の次の時代であるデボン紀には、四肢と指をもち、二つの肺を備え、上陸に成功する。

その後、羊膜と硬い殻の卵をもち、水辺から離れ、「単弓類」が現れた。頭骨の左右それぞれの側面に穴が一つずつ開いた動物群であり、〝ヒトに至る系譜〟もこのグループに属している。横隔膜を備え、異歯性を獲得し、四肢をからだの下に伸ばし始めた獣弓類が登場し、古生代の地上世界における覇者となった。しかし、約2億5200万年前に起きた史上最大の大量絶滅事件によって大打撃を受け、覇権を爬虫類に譲り渡すことになる。

古生代が終了し、中生代が始まる。

本書でいうところの【特徴】は、この段階で、「第20」に到達していた。

中生代は、〝ヒトに至る系譜〟にとって、雌伏の時代だ。とくに中生代三畳紀の獣弓類の多くは小型種ばかりだった。いち早く大型化を遂げた爬虫類にとって、格好の獲物だったことは疑いない。

しかし、そんな時代にあっても、進化は止まらない。

獣弓類の1グループとして前時代から命脈を残すことに成功したキノドン類は、発達した矢状稜と二次口蓋を獲得。嚙む力が強化され、食事が〝便利〟になった。二生歯性も始まる。

やがて、哺乳形類が登場。大きな眼窩などが獲得され、内温性や授乳による子育ても始まっていたとされる。

中生代ジュラ紀から白亜紀にかけて、哺乳形類は、小型ながらも多様化を遂げることに成功した。その過程で、発達した舌骨を得たり、聴覚と咀嚼の分離によってより高度な聴覚を得たりする。そして、哺乳類が登場し、さらに真獣類が登場となった。真獣類には、やがて有胎盤類が登場した。【特徴】は、「第36」を数えるに至った。

約6600万年前の大量絶滅事件は、とくに有胎盤類にとって「奇貨」となった。事件によって爬虫類とともに大打撃を受けたものの、事件後のわずか数万〜数十万年でかつてない多様化に成功したのだ。

正面を向いた両眼、3色を識別できる色覚、把握能力に優れた手足などの特徴を有する「霊長類」の登場となった。

その後、紆余曲折を経て、内部が真っ直ぐで孔が隣り合って下を向く鼻、眼窩後壁、さらに発達した把握能力などを獲得し、いわゆる「サルの仲間」である旧世界ザルとも袂を分かち、尾を失い、「類人猿」の登場となる。この段階で、【特徴】は、「第52」である。なお、第53の特徴として紹介した〝雑食向きの臼歯〟が発達した時期もこの頃だ。

そして、〝「類人猿の惑星」の時代〟には、〝オランウータンに至る系譜〟と分かれ、〝ゴリラに至る系譜〟と分かれ、そして、ついに〝チンパンジーに至る系譜〟とも分かれた。この間、姿に現れる特徴というよりは、ゲノムでの変化が進んでいた。

長い長い道のりだった。

階層分類法では、類人猿を「ヒト上科（Hominoidea）」とする。そして、ヒト上科の中でも、〝オランウータンに至る系譜〟、〝ゴリラに至る系譜〟、〝チンパンジーに至る系譜〟、〝ヒトに至る系譜〟をまとめて、「ヒト科（Hominidae）」としている。

そして、〝オランウータンに至る系譜〟と分かれ、〝ゴリラに至る系譜〟と〝チンパンジーに至る系譜〟と〝ヒトに至る系譜〟が「ヒト亜科（Homininae）」だ。さらに〝ゴリラに至る系譜〟が分かれると「ヒト族（Hominini）」となる。「族」は、あまり聞きなれない単位かもしれないが、階層分類上では「科」と「属」の間にある。そして、〝チンパンジーに至る系譜〟と分かれて「ヒト亜族（Hominina）」となる。

階層分類上は、かなり広い段階から「ヒト」という文字を使っているが、一般的に「ヒト」あるいは「人類」という場合は、「ヒト亜族」を指すことが多いだろう。『サピエンス前史』たる本書では、現生人類である「ホモ・サピエンス（*Homo sapiens*）」の登場まで、もう少し話を続けるとしたい。

※下を向いた「大後頭孔」

現在の地球に生きるヒト亜族《人類》は、ホモ・サピエンスの1種だけだ。しかし、かつての地球には多くの人類が生息していた。そのいずれかが、ホモ・サピエンスの直系の祖先であるか、あるいは、未知の祖先が存在していたのかはよくわかっていない。……よくわかっていないが、そうした絶滅人類を知ることで、ホモ・サピエンスに至る道程で獲得されたものがみえてくる。

本書執筆時点で、**「最古の人類」として知られている種は、「サヘラントロプス・チャデンシス(*Sahelanthropus tchadensis*)」という**(以降、「サヘラントロプス」と表記)。

サヘラントロプスの化石は頭蓋骨と下顎の一部、いくつかの歯が知られている。アフリカ大陸のチャド――サハラ砂漠の南部で発見された。年代は、中新世の後期にあたる約700万~約600万年前とされており、一般に「人類の歴史700万年」、あるいは「人類の歴史600万年」という場合は、この化石の年代にもとづいている。この時点までに、〝ヒトに至る系譜〟は、〝チンパンジーに至る系譜〟と分かれていたわけだ。

サヘラントロプスの頭骨には、人類らしい特徴がいくつも獲得されている。たとえば、歯を見ると、犬歯が小さくなっており、エナメル質が厚い。**この厚いエナメル質は、【第54の特徴】と言ってよいかもしれない。**顔の表面はかなり平らだ。眼窩の上に左右に連なる隆起部分がある。これは、ホモ・サピエンスでこそあまり発達していないけれども、絶滅した人類の多くに共通する特徴だ。

そして、複数の資料で**最も重要視されているポイントが、【第55の特徴】である「大後頭孔《だいこうとうこう》が頭蓋骨の下を向いている」ことだ。**

「大後頭孔」とは、頭蓋骨にある孔の一つで、延髄が通る。これまでみてきた類人猿では、この孔が後方へ向いていた（それでも、イヌやネコに比べれば、ヒトとの中間に近い位置ではあるのだけれど）。これは、頭から続く首の骨が、後方へ向かって並ぶことを示唆している。

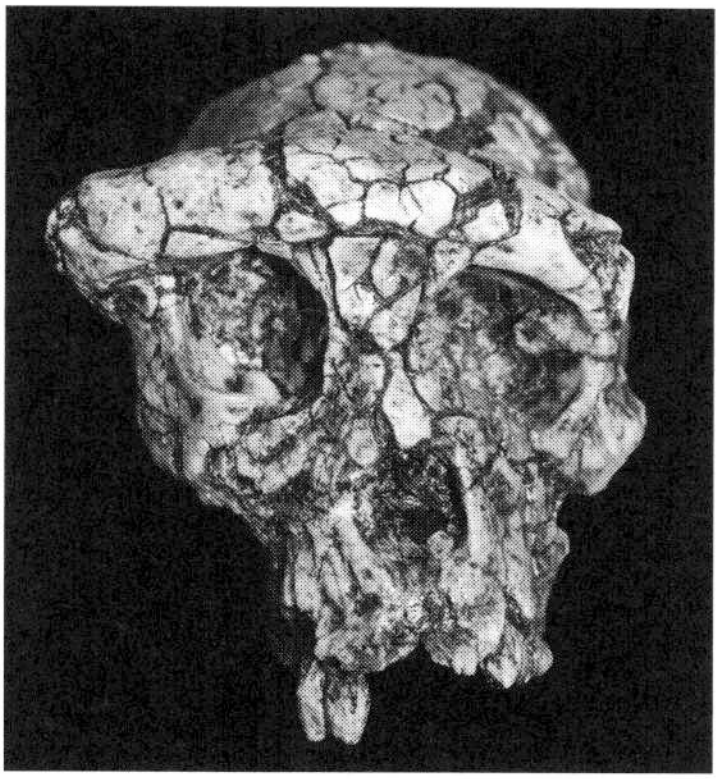

サヘラントロプス
知られている限り最も古い人類。チャドに分布する中新世の地層から化石が発見された。写真：アフロ

サヘラントロプスをはじめとする人類は、大後頭孔が下を向いている。そのため、首、背骨、と下に向かって連なることになる。単純に下に向いただけではなく、その位置が頭蓋骨の中心に近い位置になった。これによって、二足で歩いた場合に、顔は自然と正面を向くのだ。頭そのものも支えやすくなった。

もっとも、サヘラントロプスの化石は、頭蓋骨と下顎の一部、いくつかの歯のみだ。大後頭孔の位置が示唆するような二足歩行であったのかどうか。実際のところは、わかっていない。

人類らしい特徴がいくつも確認できるサヘラントロプスだけれども、人類以外の類人猿的な特徴も少なくない。眼窩と鼻の形状は、他の類人猿のものと似ており、推定される脳容積は320〜380立方センチメートルと、オランウータンやチンパンジーとほとんど変わらない。

サヘラントロプスと比べるとやや新しく、約600万年前の人類として知られている種は、ケニアで化石が発見された「オロリン・トゥゲネンシス（*Orrorin tugenensis*）」である（以降、「オロリン」と表記）。

オロリンの化石はかなり断片的で、ほと

オロリン
人類。ケニアに分布する中新世の地層から化石が発見された。イラスト：橋爪義弘

んど情報が残っていない。ただし、切歯、犬歯、小臼歯はチンパンジーに似ているいっぽうで、大臼歯にはホモ・サピエンス並みの厚いエナメル質が確認されている。大腿骨は二足歩行時の荷重に耐えられるつくりをしていたが、上腕骨も一定以上の荷重に耐えることができたとみられている。枝にぶら下がる、などの樹上生活をおくっていたようだ。

※直立二足歩行の〝兆し〟

サヘラントロプスの化石は、「頭蓋骨と下顎の一部、いくつかの歯」だけが発見されている。オロリンの化石は、「断片的な部分」しか知られていない。

つまり、この2種類の初期人類は、全身の姿を復元するほどの情報がない。大後頭孔の位置や、顔の特徴、大腿骨の構造などの多少の手がかりはあるものの、「類人猿の1グループとして出現した〝ヒトに至る系譜〟」が、その歴史の初期段階でどのような姿だったのかを推定する材料に欠けている。

現時点で初期人類の姿について多くの手がかりを残しているのは、エチオピアに分布する中新世から鮮新世にかけての地層から化石が報告されている「アルディピテクス（*Ardipithecus*）」だ。この名前（属名）をもつ種として2種が報告されている。

このうち、古い地層（約580万～約520万年前）から化石が発見された「アルディピテクス・カダバ（*Ardipithecus kadabba*）」に関しては、化石が断片的でサヘラントロプスやオロリン以上の情報はない。

いっぽう、より新しい地層（約450万～約430万年前）から化石が発見された「アルディピテクス・ラミダス（*Ardipithecus ramidus*）」は、「アルディ」の愛称で知られるほぼ完全な骨格化石のほか、さまざまな個体のさまざまな部位の化石が確認されている。

ここでは、ハル・ヨーク・メディカル・スクール（イギリス）のアリス・ロバーツの編著書である『EVOLUTION THE HUMAN STORY』の第2版（2018年刊行）と、ハーバード大学（アメリカ）のダニエル・E・リーバーマンの著書である『人体600万年史』（2015年、早川書房より刊行）、大英自然史博物館のピーター・アンドリュースの著書である『An Ape's View of Human Evolution』（2016年刊行）を参考に、アルディピテクス・ラミダスについて綴っていこう。

まず、アルディピテクス・ラミダスは、脳容積、母指対向性のある足など、いくつかの点で、人類以外の類人猿と共通する点があった。推測される脳容積は300～370立方センチメートルで、これはサヘラントロプスや人類以外の類人猿の脳容積とさほど変わりがない。母指対向性のある足は、樹上生活に便利な特徴であり、人類以外の類人猿と同じだ。その他にも腕が長く、脚が短いという点も、人類以外の類人猿とよく似る。

いっぽうで、**背筋を真上に伸ばして歩くという「直立二足歩行の〝兆し〟」ともいうべき特徴を獲得していた。**

具体的には、「腰の骨の形状」だ。人類以外の類人猿では、腰の骨が縦方向に長い。これに対して、アルディピテクス・ラミダスの腰の骨は、横方向に幅広いのだ（より正確に書けば、「横方向に幅広いと考えられている」となる。腰の骨の化石は変形していて、生存時の正確な形はわかりにくいのだ）。幅広い骨には幅広い筋肉がついていたと考えられており、これによって直立二足歩行時に胴体を安定させることができたという。**横に広い骨盤――【第56の特徴】である。**

そして、「**S字に連なる背骨」も獲得された（【第57の特徴】）**。これによって、直立二足歩行時の胴体は、上方向を向く。S字のおかげで首から腰まで長く連なる骨のバランスを、二足だけでも安定させることができるようになった。

腰の骨とその筋肉、S字に連なる背

アルディピテクス
人類。エチオピアに分布する中新世から鮮新世にかけての地層から化石が発見されている。イラスト：橋爪義弘

骨、そして、サヘラントロプスの段階で確認された下向きの大後頭孔。これによって、腰から胴体、頭部が上方向に向かって並ぶことになる。

また、**足指の関節が上向きに曲がるようになっていた**（**【第58の特徴】**）。これは、あなたの足の指でも確認できるはずだ。つま先をもって、上へ引く。多少ではあるけれども、上へ曲がるはずである。これは、二足歩行時に推進力を生む源になる。効率よく二足歩行をするための大切な特徴だ。

かくのごとく、アルディピテクス・ラミダスのからだには、「直立二足歩行」に適した特徴が獲得され

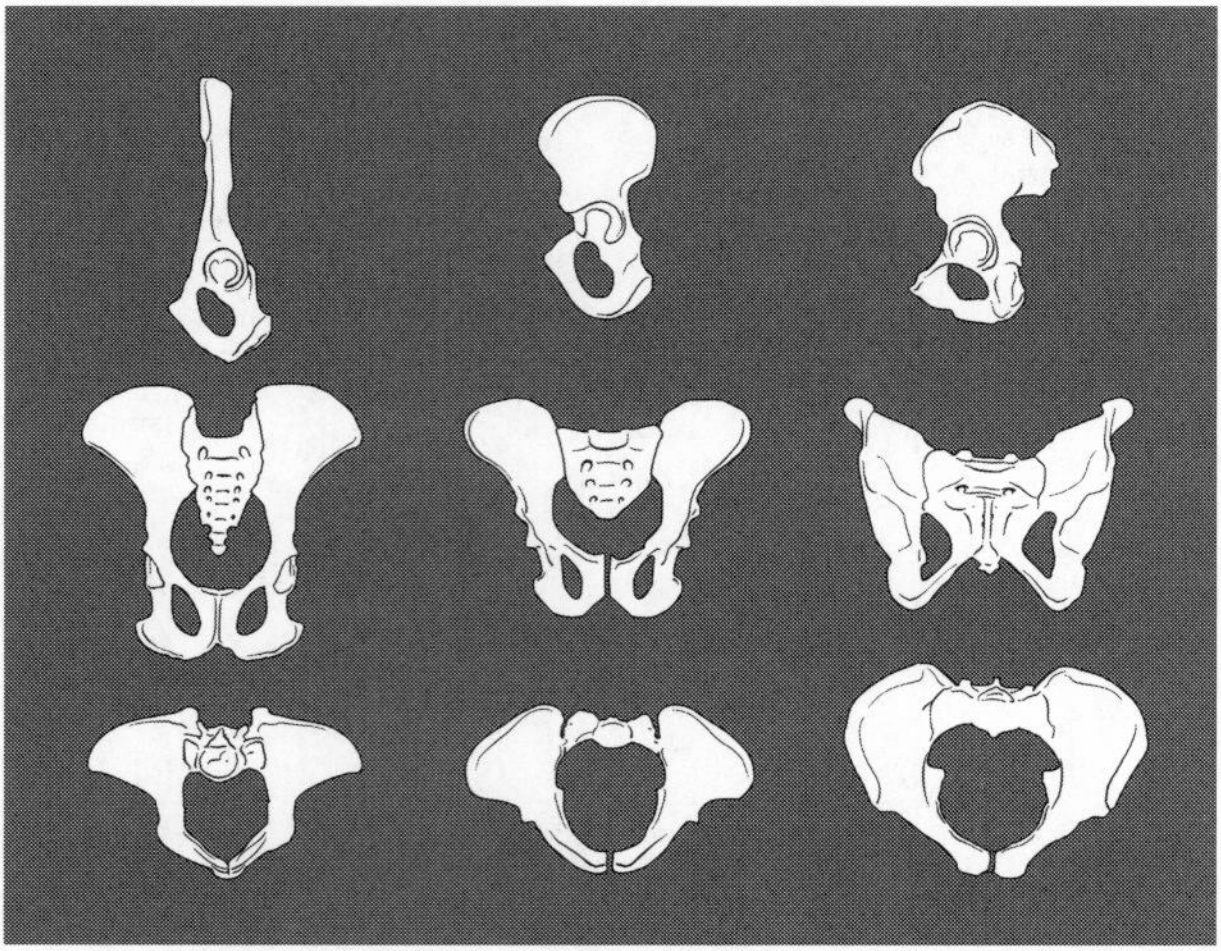

チンパンジー、アルディピテクス、ホモ・サピエンスの骨盤の比較
横から見た骨盤（上）、正面から見た骨盤（中）、上から見た骨盤（下）。チンパンジー（左）、アルディピテクス（中）、ホモ・サピエンス（右）。イラスト：柳澤秀紀（Hogervorst, Vereecke, 2014, Evolution of human hip. Part1, Figure4を参考に作図）

ていた。

もっとも、〝完全な直立二足歩行〟ではなく、あくまでも〝兆し〟である。

前述のように、足の親指に母指対向性があったり、脚が短かったりという特徴は、地上を歩き回ることに向いているとはいえない。リーバーマンは、著書の中で足先を外に向けて歩いていた可能性も指摘しており、「いまの人間よりかなり両脚を開いて、膝もやや曲げて歩いていただろう」と続けている。

アルディピテクス・ラミダスは、まさに「直立二足歩行への過渡期」を象徴する人類だったわけだ。

❖〝歩行性能〟の高い足

アルディピテクスの次に古く、そして、アルディピテクス・ラミダスのように多くの情報が確認されている人類は、「アウストラロピテクス（*Australopithecus*）」である。

この名前（属名）をもつ種はいくつも報告されており、その中でもずば抜けた知名度をもつ種として、「アウストラロピテクス・アファレンシス（*Australopithecus afarensis*）」を挙げることができる。

アウストラロピテクス・アファレンシスは、約370万〜約300万年前の鮮新世の前期に生息していた人類である。化石は、タンザニア、エチオピア、ケニアなどで発見されている。良質な化石標本が多く、その中でも、エチオピアに分布する約320万年前の地層から化石が発見された少女の骨格標本は、「ルーシー」の愛称で有名だ。なお、「ルーシー」という愛称は、発掘現場のラジオから、ビートルズの名曲『Lucy in the Sky with Diamonds』が流れていたことにちなんでいる。

アウストラロピテクス・アファレンシスの化石には、愛称のある良質な標本がいくつもある。ルーシーだけではなく、エチオピアの約358万年前の地層から発見された男性の骨格標本には、「大男」を意味する「カダヌームー」の愛称が与えられているし、約330万年前の地層から発見された子どもの骨格標本には、発見地ディキカにちなんだ「ディキカ・ベイビー」の愛称が与えられている。

また、タンザニアのラエトリでは、アウストラロピテクス・アファレンシスのものとみられる足跡の化石が確認されている。

こうした良質な標本と多数の部分化石から、アウストラロピテクス・アファレンシスは、〝ヒトに至る系譜〟において、アルディピテクス・ラミダスの〝一歩先〟にいたことが明らかになっている。

大きな変化は、「足」に現れた。

足の親指が短くなり、そして、他の4本の指と同じように前を向くようになった。アルディピテクス・ラミダスに**あった足の母指対向性が失われたのだ。【第59の特徴】**である。**踵の骨が厚くなった（【第60の特徴】）。そして、最も大きな変化として、「土踏まず」が形成された（【第61の特徴】）。**足の骨がアーチ状になったのである。厚い踵と土踏まずは、二足歩行への適応を示唆している。足を地についた時に、その衝撃に耐え、そして逃がせるようになったのだ。

また、**大腿骨（太ももの骨）の長軸が体軸に向かって斜めになることで、二足でもバランスが取りやすくなった。これを【第62の特徴】としておこう。**アルディピテクス・ラミダスよりも脚を閉じていたようである。

2023年、ケンブリッジ大学（イギリス）のアシュリー・L・A・ワイズマンは、ルーシーの骨格を解析し、コンピューター上でその足の筋肉を復元し、ルーシーが私たちと変わらぬ二足歩行をしていたと指摘している。

ここに至って、ついに人類は「〝歩行性能〟の高い足」を獲得したのだ。

もっとも、アウストラロピテクス・アファレンシスが〝完全な直立二足歩行〟だったかといえば、そこは難しい。腰から下の各種の特徴は、たしかに二足歩行に適応している。母指対向性が消失したことで、樹上生活は難しくなった。ラエトリの足跡化石は、体格の異なる2人が連れ立つように同じ方向へ歩き、その後ろを3人目が続いていた可能性を示唆している。

しかし、腕は頑丈で長い。これは、樹上で枝を摑み、移動をすることに適した特徴だ。このあたりは、ヒトよりもアルディピテクス・ラミダス寄りである。

頭部をみれば、脳容積は387~550立方センチメートルと推測されている。上限値をみれば、アルディピテクス・ラミダスを大きく上回るものの、全体としてはアルディピテクス・ラミダスと比べて微増といったところ。人類以外の現生類人猿とさほど変わらない、という状況が続いている。

切歯（門歯）は前に突出していて、これも人類以外の類人猿に似る。相変わらず、果実にかぶりつくことに適応したつくりである。臼歯は、ヒトのそれよりも相対的に小さかった。

身長は、男性で1・5メートルほど、女性で1・0メートルほどとされており、性差がかなり大きいという特徴もある。ただし、この点に関しては、既知の骨格標本の個体差である可能性もあるため、断定できるレベルではない。

アルディピテクス・ラミダスが、「直立二足歩行の過渡期の象徴」であるとしたら、アウストラロピテクス・アファレンシスは、「初期の直立二足歩行の象徴」といえるのかもしれない。

なお、アウストラロピテクス属は、多様性に富んでいる。

南アフリカの鍾乳洞から化石が発見された「アウストラロピテクス・アフリカヌス

（*Australopithecus africanus*）」は、アファレンシスよりもやや新しい約330万〜約210万年前のものとされ、推測される脳容積は425〜625立方センチメートルと、アファレンシスよりもわずかに大きい。足の化石が未発見であるために、歩行に関する情報はないものの、口の中をみれば、臼歯が大きくなっている。リーバーマンの『人体600万年史』では、アウストラロピテクス属の中で進化的なものほど、臼歯が大きくなり、切歯が小さくなることが指摘されている。食事における果実の重要性の低下と、より硬い食物の重要性の上昇が関わっているという。

アウストラロピテクス・アファレンシス
人類。タンザニア、エチオピア、ケニアなどに分布する鮮新世の地層から化石が発見されている。タンザニアの地層には、足跡の化石が残っていた。その足跡は、このイラストのようなアファレンシスたちが残したものかもしれない。
イラスト：橋爪義弘

もっとも、その進化の方向性がすべて〝のちのヒト〟に近づくものではないらしい。さらに新しい「アウストラロピテクス・セディバ（*Australopithecus sediba*）」の臼歯は小ぶりであるし、踵の骨は小さかった。

まるで、〝進化の試行錯誤〟のような現象が、アウストラロピテクス属の内部で起きていたのかもしれない。

※頑丈な人類

多様性に富むアウストラロピテクス属の中には、研究者によっては別の属名で呼ぶような〝ちょっと変わったアウストラロピテクス〟もいた。

たとえば、「アウストラロピテクス・エチオピクス（*Australopithecus aethiopicus*）」である。研究者によっては、「パラントロプス・エチオピクス（*Paranthropus aethiopicus*）」と呼ぶ。本書では前者の名前で続けるとしよう。

アウストラロピテクス・エチオピクスは、その名が示すようにエチオピアで最初の化石が発見され、その後、ケニアやタンザニアなど、アフリカ大陸の東部からの報告がある。頭骨などの部分化石しか発見されておらず、全身の復元には至っていない。脳容積は４１０立方センチメートルほどと推測されている。年代は、約２７０万〜約２３０万年前。新第三紀鮮新世から第四紀更新世にかけて生息していたようだ。

頭骨などの部分化石しか発見されていないアウストラロピテクス・エチオピクスだけれども、その頭骨にアウストラロピテクス・アファレンシスやアウストラロピテクス・アフリカヌスとの決定的なちがいがあった。

頭頂の中軸部に、板状の突起が発達していたのだ。

この突起は、「矢状稜」と呼ばれる。「雌伏の章」で紹介したキノドン類が獲得した特徴だ。その後、大なり小なり、多くの哺乳類が矢状稜をもっていた。霊長類の登場以降、あまりはっきりとしてはいなかったが、ここに至って明瞭な発達を見せたのだ。

矢状稜は、下顎から伸びる筋肉が付着する場所である。そんな場所が発達していたということは、アウストラロピテクス・エチオピクスの顎の力がかなり強かったことを示唆している。他にも頰骨が左右へ張り出しているなどの特徴がある。

サヘラントロプス以降、ここまでに紹介してきた人類は、「猿人」と呼ばれることがある。アウストラロピテクス・エチオピクスはとくに「頑丈型猿人」と呼ばれる。頭骨のつくりが、文字通り「頑丈」なアウストラロピテクス・エチオピクスは、同じアウストラロピテクス属でも、アファレンシスやアフリカヌスとは異なる食物を食べていたとみられている。2021年に刊行された『図解　人類の進化』(著：斎藤成也、海部陽介、米田穣、隅山健太)によると、当時のアフリカでは乾燥気候が強まっており、森林が減り、果実などの食物が減っていたという。そこで、頑丈型猿人は、その頑丈な顎を使い、硬いナッツ類や根茎類を食べていたのではないか、とされている。

鮮新世から更新世にかけて複数種の頑丈型猿人が現れた。その中でも、『化石が語るサルの進化・ヒトの誕生』で「超頑丈型猿人」と表現されている種が、「アウストラロピテクス・ボイセイ(*Australopithecus boisei*)」である。研究者によっては、「パラントロプス・ボイセイ(*Paranthropus boisei*)」と呼ぶ。

アウストラロピテクス・ボイセイは、約230万〜約140万年前、更新世の前期に生息していた。タンザニア、ケニア、エチオピア、マラウイなどから発見されている化石は、頭骨をはじめとする部分化石のみ。推測される脳容積は、約475〜545立方センチメートルであり、アウストラロピテクス・エチオピクスよりやや大きい。

アウストラロピテクス・ボイセイは、発達した矢状稜、張り出した頬骨のほか、眼窩の上に頑丈な突起もある。また、切歯と犬歯が小さくなり、その〝空いたスペース〟を使って、大臼歯と小臼歯のサイズは大きくなった。上顎も下顎も頑丈だ。なるほど、「超頑丈型」と呼ばれるわけである。

こうした頑丈型猿人は、〝ヒトに至る系譜〟としては傍流にあたると考えられている。人類間の系統関係は謎が多いものの、頑丈型

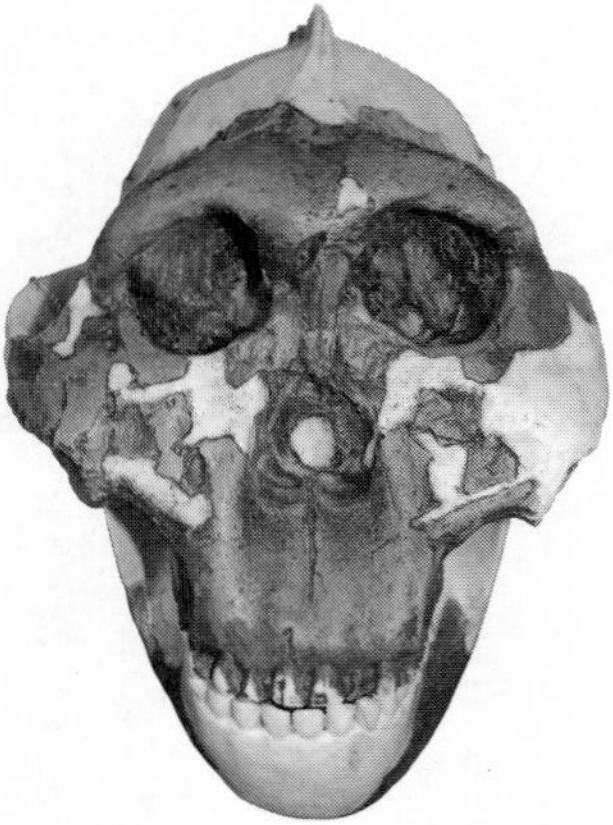

アウストラロピテクス・ボイセイの頭骨
人類。タンザニア、ケニア、エチオピア、マラウイなどに分布する更新世の地層から化石が発見されている。矢状稜が発達していた。「パラントロプス・ボイセイ」とされることもある。
写真：アフロ

猿人は約100万年前までに姿を消し、その後に彼らの特徴を受け継いだ人類は現れていない。ちなみに、頑丈型猿人が生存していた時代に同じ気候変化に直面した〝ヒトに至る系譜〟では、この頃から肉食が本格化したとみられている。石器による切り傷のある動物の骨化石が発見されるようになるからだ。『図解　人類の進化』では、**「肉食を含む雑食へのシフト」が、この段階で行われていたことを指摘している。**

※ホモ属の登場

アウストラロピテクス・アファレンシスが生息していた頃から数十万年が経過して、今から約258万年前になると、時代は「第四紀」に入った。

第四紀は約258万年前から現在までを指す時代であり、約1万年前を境に「更新世」と「完新世」に二分されている。

第四紀は、寒冷な気候と本格的な人類活動によって象徴される。

新第三紀の後半に本格化した寒冷化は、第四紀に入って更新世の間に極まった。2021年のスコテーゼたちの論文によれば、更新世末にあたる約2万年前の平均気温は約11℃しかなかった。この気温は、現代の東京でいえば、「11月の下旬のような気温」に相当する。その気温が、「地球の年間平均気温」だった。

この寒冷な気候のもと、「氷河」が発達する。第四紀のはじまりから現在に至るまで、地球には必ず氷床が存在している。故に、第四紀は、「氷河時代」とも呼ばれている。この氷河時代では、より寒い「氷期」と、やや温暖な「間氷期」が繰り返されてきた。最後の氷期が終わったのは、今から約１万年前、つまり、更新世と完新世の境界の時期にあたる。ちなみに、現在は氷河時代の中ではやや暖かい「間氷期」である（温暖化が問題となっている現代であるが、地球史全体でみれば、まだ「氷河時代」の一部である）。

更新世の寒冷な気候は、乾燥化を促した。かつて、有胎盤類の爆発的な多様化を支え、霊長類の初期進化を支えた大森林は縮小し、草原が広がった。

そんな環境の中で、私たち現生人類——ホモ・サピエンスと同属の仲間たちが次々と登場する。

現在知られているホモ（*Homo*）属の中で、「最も古い種」として知られるのは、タンザニア、エチオピア、南アフリカなどから化石がみつかっている「ホモ・ハビリス（*Homo habilis*）」である。約２５０万年前に登場し、約１６０万年前に滅んだとされる。

ホモ・ハビリスは、アウストラロピテクス・アファレンシスなどの〝頑丈型ではないアウストラロピテクス属〟とよく似ている。かつてはホモ属ではなく、アウストラロピテクス属に含めるべきだという意見もあったくらいだ。実際、ホモ・ハビリスの脳容積に注目すると、約６００〜

７００立方センチメートルとされ、アウストラロピテクス・アフリカヌスの脳容積の範囲と重なる。アウストラロピテクス・アファレンシスと比較しても少し大きい程度だ。『化石が語るサルの進化・ヒトの誕生』では、「体格には個体差が大きいのですが、平均的にはアウストラロピテクスと大きく変わりません」としている。

もちろん「大きく変わらない」のであって、〝小さな変化〟はある。『人体６００万年史』で注目されているのは、やや重くなった脳のほか、頭骨と手である。

ホモ・ハビリスの頭骨は、丸みを帯びていて、やや華奢《きゃしゃ》なつくりとなっていた。アウストラロピテクス属と比べると額が広く、鼻面があまり突出していない。２０１７年に刊行された『PROCESSES IN HUMAN EVOLUTION』（著：フランシスコ・J・アヤラ）では、アウストラロピテクス属と比べてほっそりとした顎に、アウストラロピテクス属のものより大きな切歯や幅が狭くなった臼歯が並んでいたことが言及されている。そして、**手は幅が広くなり、親指をより自由に動かすことができるようになった。この可動性の高い親指（手）は、【第63の特徴】といえる。**ホモ・ハビリスが造り、使用したとみられる石器も発見されている。ちなみに、「ハビリス」という種小名には、「器用な」という意味がある。

もっとも、ホモ・ハビリスは「最初に道具を使った人類」ではなく、アウストラロピテクスの仲間たちもどうやら道具を使っていたらしい。ホモ・ハビリスは、より積極的に道具を製造し、使っていたという位置付けだ。

また、口内にも変化があった。**３本ある大臼歯のうち、いちばん奥の第３大臼歯が、先頭の第１大臼歯よりも小さくなった。【第64の特徴】**だ。２０２２年に、ウェスタン・ワシントン大学（アメリカ）のテスラ・A・モントンたちが発表した論文では、アウストラロピテクス属の場合、第３大臼歯のサイズは第１大臼歯と同等以上あったことがまとめられている。いっぽう、進化的なホモ属ほど第３大臼歯が小さいという傾向は顕著になる。かねてよりこの臼歯のサイズの変化には、食生活の変化が関わっていた可能性が高いとされる。

ホモ・ハビリス
人類。タンザニア、エチオピア、南アフリカなどに分布する更新世前期の地層から化石が発見されている。積極的に道具を使っていたとみられている。イラスト：橋爪義弘

足にも私たちと多くの共通点がある。指の関節の可動域は狭く、もはや、少なくとも足を使って樹上生活をおくることはかなり困難となっている。「土踏まず」の大きさは、現生人類と同程度となり、長時間の歩行に耐えられるようになっていた。

※長い脚、大きな脳容積、そして、産道

国立科学博物館の篠田謙一の著書『人類の起源』で、「体型や大きさが私たちに近い」と紹介されている人類が、「ホモ・エレクトス（*Homo erectus*）」だ。化石の年代は、資料によって多少のバラツキがあるものの、2022年刊行の同書では、約200万〜約20万年前とされている。

篠田が指摘しているように、ホモ・エレクトスは、かなりヒトに近い体型だ。すなわち、身長における「脚の割合が大きい」のである。**端的にいえば、「脚が長い」のだ。【第65の特徴】である。**

当然のことながら、「脚が長い」ことは、長距離移動のコストを減らすことに適している。1歩で移動できる距離が長くなり、そのぶん、「脚を動かす」という動作が少なくてすむ。

長いだけではない。**ホモ・エレクトスの脚は、股関節、膝関節、足関節といった関節部分が大きくなっていた。大きな関節は、【第66の特徴】といえよう。**リーバーマンの『人体600万年史』によると、これは、歩行の際に受ける力に対抗するための「単純な解決策」であるという。

移動する距離が長くなれば長くなるほどに、関節への負荷が大きくなる。ホモ・エレクトスが獲得した〝大きな関節〟は、こうした負荷を軽減することに役立ったとみられている。

結果として、ホモ・エレクトスは初めて〝本格的な出アフリカ〟を果たす。ユーラシア大陸の東端まで到達し、いわゆる北京原人やジャワ原人などに系譜をつなげていく（北京原人やジャワ原人は、ホモ・エレクトスの亜種とされている）。

ホモ・エレクトスの身長は、約1・6～1・8メートルだ。「脚が長い」という「体型」だけではなく、体格もヒトに匹敵する。脳容積は、750～1200立方センチメートルとなった。『化石が語るサルの進化・ヒトの誕生』では、この下限値である「750立方センチメートル」に対して、かつてヒトの定義に用いられていた「脳のルビコン」という言葉を紹介している（現在では、脳容積約600～700立方センチメートルのホモ・ハビリスが確認されているため、この定義は用いられていない）。

ここでいう「ルビコン」とは、古代ローマの政治家・軍人として知られるユリウス・カエサルが、軍を率いて渡った川の名前だ（ちなみに、こうして語られるほど〝有名〟である割には、意外と細い川である）。当時、この川を渡ることは、反乱を意味していた。後戻りのできない道を進むことであり、カエサルの人生を決定づける行動だったといえる。反乱は成功し、カエサルはローマの支配権を得ることになる。

750立方センチメートルの脳容積が「脳のルビコン」と言われる所以《ゆえん》は、この値を超える類人猿は、ホモ属だけだからだ（【第67の特徴】）。ホモ属以外の類人猿で、この脳容積を超える種は、過去にも現在にも確認されていない。そして、**ホモ・エレクトス以降の人類は、脳の拡大傾向をますます強めていくことになる。**

ただし、じつは、ホモ・エレクトス以降の人類のすべての脳が、〝脳のルビコンを超えた容積〟をもっていたかといえば、そうではないらしい。『人類の起源』では、ホモ・エレクトスから進化したとされる「ホモ・フローレシエンシス（*Homo floresiensis*）」に触れ、その脳容積が約400立方センチメートルだったことに言及している。アウストラロピテクス・アファレンシス並みの脳容積だ。

もっとも、ホモ・フローレシエンシスの身長は1メートルほどであり、「脳の容積が」というよりは、「全体的に」小柄である。その化石は、インド

ホモ・エレクトス
人類。アフリカ、ヨーロッパ、アジアに分布する更新世後期の地層から化石が発見されている。イラスト：橋爪義弘

ネシアのフローレス島から発見されており、おそらくこの島の面積に適応した結果と考えられている。島嶼《とうしょ》のような狭い面積の場所にやってきた動物は、進化によって小型化する傾向があることは多くの種で確認されている。

そして、長い脚と脳容積に加えて、『化石が語るサルの進化・ヒトの誕生』では、「産道」にも注目している。

「産道」とは、出産の際に胎児が通る部位のことだ。ここでいうそれは、骨盤の形状とほぼ同義である。

ホモ・ハビリスには確認されていないものの、少なくともアウストラロピテクス・アファレンシスの産道は、上から下まで「左右に広い」。しかし、**ホモ・エレクトスの産道は、「上部で左右に広く、下部で前後に広い」という。これは、**ヒトと同じつくりだ。**この特徴のため、**ヒトの出産時、**胎児は母胎内で回転しながら産道を進む。「回旋分娩《かいせんぶんべん》」と呼ばれるこの出産方法は、**ホモ・エレクトス以降に一般的となった可能性があると指摘されている。回旋分娩と関係する骨盤は、【第68の特徴】といえる。**

なお、ホモ・ハビリス、ホモ・エレクトス、ホモ・フローレシエンシスにかぎらず、当時の世界には多くのホモ属がいた。その中には、学名が正式に決定していないものや、分類や系統についての議論が続いているものもある。総じて、こうした〝初期のホモ属〟が「原人」と呼ばれている。かつて、世界は多様な原人の暮らす舞台だったのだ。

※謎の大型種……？

「六〇万年前になると、ホモ・エレクトスの子孫の一部は、祖先とは違う種に分類されるに値するほどの進化を遂げていた」

リーバーマンの『人体600万年史』で、そう紹介されているのは、アフリカとヨーロッパ各地から化石が発見されている「ホモ・ハイデルベルゲンシス（*Homo heidelbergensis*）」である。

ホモ・ハイデルベルゲンシスは、約60万年前に登場し、とくに冷えこんだ時期である約45万年前に滅んだとされる。基本的にホモ・エレクトスとよく似ているものの、身長は約1・45〜1・85メートルとなり、ホモ・エレクトスよりも一回

ホモ・フローレシエンシス
人類。インドネシアのフローレス島に分布する更新世後期の地層から化石が発見された。イラスト：橋爪義弘

り大きい。顔も大きくなり、とくに眼窩の上にある突起は、より発達していた。脳容積は、約1100〜1400立方センチメートルとなり、これもまたホモ・エレクトスを上回る。

総じて、〝ホモ・エレクトスを大型化〟した種であった。

従来の見解では、ホモ・ハイデルベルゲンシスこそ、私たちホモ・サピエンスの直接の祖先であるとされた。つまり、不鮮明だった〝ヒトに至る系譜〟は、ホモ・ハイデルベルゲンシスに到達し、そして、ホモ・ハイデルベルゲンシスを祖先として、2種の人類が進化したとみられていた。このうちの一つが、私たちホモ・サピエンスであり、もう一つは「ネアンデルタール人」の呼び名で知られる「ホモ・ネアンデルターレンシス（*Homo neanderthalensis*）」であると考えられてきた。

しかし、篠田の『人類の起源』では、ゲノム解析の視点から、この見解を疑問視する見方を紹介している。

ゲノム解析によれば、ホモ・ハイデルベルゲンシスが子孫を残さずに絶滅した可能性もあるという。ホモ・ハイデルベルゲンシスと多くの共通点をもつとされるホモ・アンテセッソール（*Homo antecessor*）に関しては、2020年にコペンハーゲン大学（デンマーク）のフリド・ウェルカーたちが発表した歯化石のタンパク質に関する研究で、ホモ・サピエンスなどの〝従兄弟《いとこ》〟と位置付けられている。ホモ・アンテセッソールとの関係を含めて今後の議論が必要な状況だ。

さらに、これまで「ホモ・ハイデルベルゲンシス」とされてきた化石標本も再検討と再分類が必要となっており、今後の研究次第でホモ・ハイデルベルゲンシスがどのように位置付けられるかが決まることになるだろう。

※隠れた祖先と……

ホモ・ハイデルベルゲンシスを経由するにしろ、経由しないにしろ、ホモ・エレクトスを祖先として、2種の大きな〝成功者〟が登場した。

その一つが、「ホモ・ネアンデルターレンシス」である。

身長は約1・52〜1・68メートル、脳容積は約1200〜1750立方センチメートルとなっており、ホモ・サピエンスとほぼ同等の体格と脳容積だ。

ただし、ホモ・ネアンデルターレン

ホモ・ハイデルベルゲンシス
人類。アフリカ、ヨーロッパに分布する更新世中期の地層から化石が発見された。イラスト：橋爪義弘

シスはより筋肉質で、前腕と脛《すね》が短いという特徴がある。この特徴は、リーバーマンの『人体600万年史』によると、寒冷な気候に適応したものであるという。短い前腕と脛は、結果として体表面積を縮小させることにつながる。体表面積が小さいということは、それだけ体内の熱を逃がしにくいのだ。

実際のところ、ホモ・ネアンデルターレンシスは約43万年前から約4万年前にかけて、ヨーロッパから西南アジアに生息していた。氷期と間氷期が繰り返し訪れていた時代である。〝耐寒仕様〟のそのからだは、まさしく時代に適応していたのだろう。

ゲノム解析の結果、ホモ・ネアンデルターレンシスの遺伝子は、私たちホモ・サピエンスの中に残っていることが判明している。つまり、ホモ・ネアンデルターレンシスとホモ・サピエンスはかつて交雑していたのである。『人類の起源』の中で篠田は、ホモ・ネアンデルターレンシスのことを「隠れた祖先」と評している。

この交雑の結果、先にユーラシア大陸の寒冷な気候に適応していたホモ・ネアンデルターレンシスの〝耐寒能力〟が、一部のホモ・サピエンスに〝継承〟されたと考えられている。寒冷な時代の寒冷な地域への我らが祖先の拡散に、ホモ・ネアンデルターレンシスとの交雑が役立ったのかもしれない。ちなみに、こうした〝継承された遺伝子〟には、個人差や地域による差がある。現生のホモ・サピエンスに等しく継承されているわけではない。

なお、ホモ・ネアンデルターレンシスは、岩や木を加工してさまざまな道具をつくっていたり、動物の皮を加工して衣服をつくっていたり、植物を薬として使っていたり、洞窟壁画を残したり、埋葬習慣があったりなど、ホモ・サピエンスと似た〝文化〟を築いていたとされている。現在では、こうした文化に関しては検証も行われ、異論も発表され、さまざまな議論がある。今後の研究で、「隠れた祖先」たちの実情が、より明らかになっていくことだろう。

そして、ホモ・ネアンデルターレンシスを祖先、あるいはホモ・ネアンデルターレンシスと共通の祖先をもつとされる人類に、「デニソワ人」がいる。アジアを中心とした生息域をもち、数万年前まで生きていたこの人類は、発見されている化石が部分的であり、まだ学名がつくほどの情報がまとまっていない。姿も生息していた年代も、よくわかっていない。

ただし、そうした部分化石や、部分化石から採取されたゲノムの解析結果から、デニソワ人がホモ・ネアンデルターレンシスやホモ・サピエンスとは別種とされ、デニソワ人の方がこの2種よりもやや大きかった可能性が指摘されている。

ゲノム解析の結果は、デニソワ人がホモ・ネアンデルターレンシスやホモ・サピエンスと交雑していたことを示している。実際、デニソワ人を父、ホモ・ネアンデルターレンシスを母とする解析結果を出した化石も発見されている。また、現代のチベット高原で暮らす人々には、デニソワ人に由来する〝酸素の少ない高地で有利に働く遺伝子〟があるという。かつて、ホモ・サピエンスが高地へ進出する際、デニソワ人との交雑によって得たものが、大きく関与していたのかもしれない。

なお、原人とホモ・サピエンスの〝中間段階〟のこうしたホモ属を「旧人」と呼ぶことがある。当時、各地に他にもさまざまな旧人の集団がいたことが知られている。人類にとって〝賑やかな時代〟は、なお、続いていた。

ホモ・ネアンデルターレンシス
人類。ヨーロッパから西南アジアに分布する更新世後期の地層から化石が発見されている。埋葬などの〝文化〟があった可能性が指摘されている。私たちの「隠れた祖先」とも言われる。イラスト：橋爪義弘

そして、ホモ・エレクトスを祖先とする2種の大きな〝成功者〟のうち、残る1種は、もちろん、ホモ・サピエンスである。

※〝乾燥耐性〟を得る

ホモ・エレクトスの繁栄から始まる〝慌ただしい〟進化。〝ルビコン超えの脳〟だけが、この進化を促していたのだろうか?

基礎科学研究院（韓国）のアクセル・ティメルマンたちは、ホモ・エレクトス、ホモ・ハイデルベルゲンシス、ホモ・ネアンデルターレンシス、ホモ・サピエンスといった人類各種の化石産出地の分布と、過去200万年間にわたるアフリカ大陸とユーラシア大陸の気候データを統合した大規模なコンピューター解析を実施。これによって、ホモ属の進化

デニソワ人
謎の多い人類。シベリア南部のデニソワ洞窟から最初の化石が発見された。更新世のものである。ホモ・サピエンス内に、デニソワ人由来の遺伝子があるとする分析結果がある。イラスト：橋爪義弘

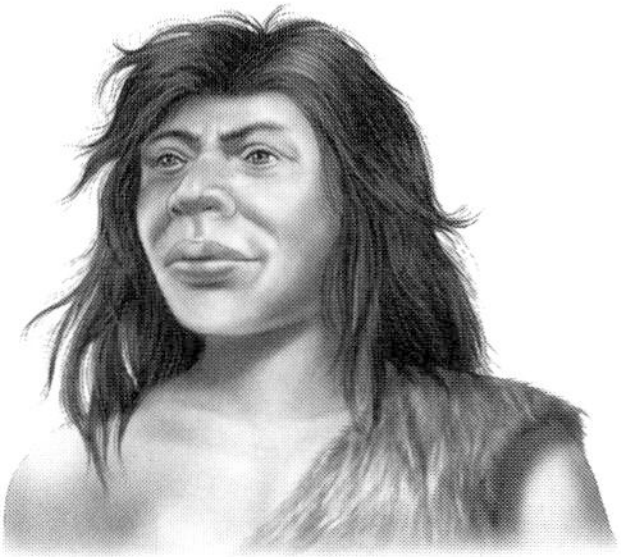

混血の少女
2012年にデニソワ洞窟で発見された化石が分析された結果、その化石は約9万年前（更新世）に13歳前後で死亡した少女のものであり、そして、その父がデニソワ人であり、母がホモ・ネアンデルターレンシスであることが明らかになった。イラスト：橋爪義弘

の背景に、気候変化が関連していた可能性を導き出した。

まず、ホモ・エレクトスである。〝ルビコン超えの脳〟をもつ最初の人類となったこの種は、100万年以上にわたって、さまざまな気候帯を歩き回っていた。ユーラシア大陸に限定しても、ホモ・エレクトスの化石分布は広範囲にわたる。こうしたデータから、**ホモ・エレクトスは環境の制約にとても〝タフ〟な「ゼネラリスト」だったとされる。**

ホモ・エレクトスから進化したとされるホモ・ハイデルベルゲンシスは、祖先ほど環境に対する柔軟性を持ち合わせなかったらしい。

ヨーロッパで暮らしていたホモ・ハイデルベルゲンシスは、氷期・間氷期と繰り返す気候変化を受けながら、徐々に衰退していく。そして、この衰退期にホモ・ネアンデルターレンシスが進化した。そして、ヨーロッパのホモ属の〝生息圏の支配権〟は、ハイデルベルゲンシスからネアンデルターレンシスへと少しずつ移り変わり、やがてヨーロッパにおいてハイデルベルゲンシスは絶滅することになった。

なお、この時期のヨーロッパにおけるホモ属の〝版図の拡大〟は、間氷期だけではなく氷期にも行われている。スペインの国立人類進化研究センターのヘスス・ロドリゲスたちが2021年に発表したモデル計算によると、その背景には、耐寒能力の向上と、毛皮の衣服の使用などがあったという。

いっぽう、ホモ・サピエンスは、アフリカ大陸を故郷とするとされているものの、大陸のどこが、その故郷なのかは、絞りきれていない。

ティメルマンたちの分析では、約21万年前から約20万年前に気候が不安定化し、この時期にホモ・ハイデルベルゲンシスからサピエンスへと〝生息圏の支配権〟が少しずつ移っていった可能性が示唆されている。〝気候の不安定化〟に関しては、2021年にケルン大学（ドイツ）のフランク・シェービッツたちも発表している。エチオピア南部のチューバハル湖の湖底堆積物を調べたシェービッツたちの研究結果によれば、約20万年前から約6万年前にかけて乾燥化傾向があった上で、時折湿潤な時期もあったようだ。そして、約6万年前以降は、乾燥化傾向が強まっていくという。

ティメルマンたちによると、**ホモ・サピエンスの〝対気候優位点〟は、「乾燥耐性」であるという。【第69の特徴】だ。**ホモ・ハイデルベルゲンシスやホモ・ネアンデルターレンシスなどと比較すると、私たちホモ・サピエンスは、乾燥に強いらしい。この〝対気候優位点〟が、各地へホモ・サピエンスが広がっていくきっかけになったかもしれないとされる。シェービッツたちの研究では、その後、湿潤期を〝上手に利用して〟、新たな領域へと拡散していったことが示唆されている。

誤解を恐れずに簡単にまとめてしまえば、ホモ・エレクトスは気候の変化に強く、長期間にわ

たって広範囲で栄えた。しかし、ホモ・エレクトスから進化したとされるホモ・ハイデルベルゲンシスはホモ・ネアンデルターレンシスやホモ・サピエンスよりも気候変化に弱く、ヨーロッパでは寒冷な気候に強いホモ・ネアンデルターレンシスに進化し、アフリカ大陸では乾燥に強いホモ・サピエンスに進化した、ということになるだろうか。

いずれにしろ、ここで挙げたホモ属各種の特徴は、あくまでも化石産出地の分布と過去200万年間にわたるアフリカ大陸とユーラシア大陸の気候データにもとづくものだ。気候への適応が、どのような身体的特徴として現れていたのかはわかっていない。逆にいえば、化石からだけではわからない〝獲得された性質〟が存在する可能性を示唆しているといえるだろう。

❋そして、サピエンスだけが、生き残った

かくして、現生人類である「ホモ・サピエンス（*Homo sapiens*）」の登場となる。

初期のホモ・サピエンスの化石は、アフリカ大陸東部で発見されるものが多い。中新世以降、このアフリカ大陸東部は、「大地溝帯」と呼ばれる〝巨大な谷〟があり、多くの湖が点在していた。初期のホモ・サピエンスは、そうした湖の周囲で暮らしていたとみられている。この地域に分布する地層からは、ホモ・サピエンスの多くの化石がみつかるのだ。

大地溝帯から発見されたホモ・サピエンスの化石の中で最も古いものは、エチオピアから産出

している。2022年にケンブリッジ大学（イギリス）のセリーヌ・M・ヴィダルたちが発表した研究によると、その化石の年代は約23万年前のものであるという。

いっぽう、最初期のホモ・サピエンスの化石は、大地溝帯から遠く離れたアフリカ大陸北西部のモロッコで発見されている。2017年にマックス・プランク進化人類学研究所（ドイツ）のジャン＝ジャック・ユブランたちが報告したその化石は、約31万5000年前のものであるという。

ホモ・サピエンスの〝故郷〟がアフリカ大陸にある可能性はかなり高いものの、では、「アフリカ大陸のどこ」が〝進化の舞台〟となったのかは、定かではない。

いずれにしろ、ホモ・サピエンスはアフリカ大陸で生まれ、そして、世界へと拡散していった。のちに海を越え、太平洋の島々にも進出する。大洋を渡った人類は過去になく、ホモ・サピエンスだけである。

そして、これまで見てきたように、「かくして、現生人類である『ホモ・サピエンス』の登場」とはいえ、登場した時点では、ホモ・サピエンスだけが唯一無二の人類ではなかった。

交雑し、その遺伝子がホモ・サピエンスの中に残るホモ・ネアンデルターレンシスやデニソワ人はもとより、ホモ・フローレシエンシスもいたし、〝ルビコン超えの脳〟をもつ最初の人類となったホモ・エレクトスもまだ命脈を残していた。現時点で、学名をつけるほどの情報がそろっ

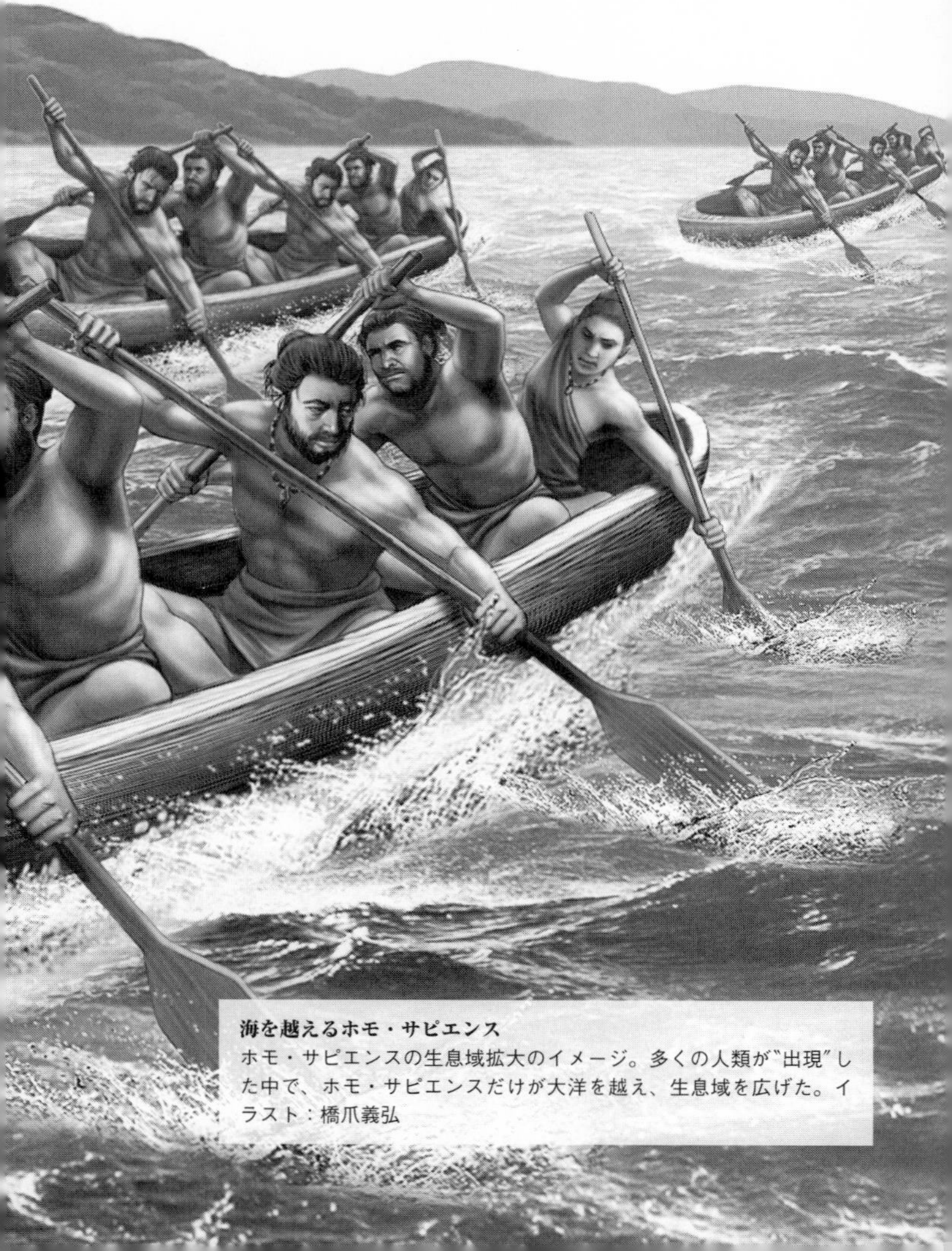

海を越えるホモ・サピエンス
ホモ・サピエンスの生息域拡大のイメージ。多くの人類が"出現"した中で、ホモ・サピエンスだけが大洋を越え、生息域を広げた。イラスト：橋爪義弘

ていない人類も多くいた。ゲノム解析のみによって示唆される人類もいる。ハーバード大学（アメリカ）のデイヴィッド・ライクは、著書『交雑する人類』（2018年刊行）において、デニソワ人が未知の人類と交雑したと考えなければ、「説明がつかない」と強い語調で言及している。今後の発見と研究により、〝この数十万年間の人類史〟は、さらに複雑なものとなっていくことだろう。

しかし、いずれにしろ、こうした多様な人類は、やがて姿を消していく。交雑し、その遺伝子を残すほどに近縁であったホモ・ネアンデルターレンシスやデニソワ人も約4万年前までに姿を消した。

私たちホモ・サピエンスは、唯一生き残った人類だ。

明暗を分けたのは何なのだろうか？

ライクは『交雑する人類』の中で、ホモ・ネアンデルターレンシスから継承された遺伝子の中で、生殖能力に関する部分が自然選択によって強力に排除されていったことに言及している。そもそも動物全般に通じる現象として、本来、交雑で生まれた子孫は繁殖能力が低くなる。しかし、ホモ・サピエンスでは、そうはならなかった。

また、篠田も『人類の起源』の中で、ホモ・サピエンスがホモ・ネアンデルターレンシスやデニソワ人から継承しなかった〝生殖に関する遺伝子〟に注目し、「案外、私たちが残ったのは、単により子孫を残しやすかったためなのかもしれません」と綴っている。

本書における〝最後の道標〟として、【第70の特徴】――**「高い繁殖能力」を挙げておくとしよう。**もっとも、この特徴が〝確定した道標〟となるかどうか、いつ獲得されたのかについては、今後の研究の展開次第である。

❋サピエンスに至る旅路

私たちホモ・サピエンスは、二つの眼をもっている（第1の特徴）。これは、古生代カンブリア紀の祖先から連綿と維持してきた特徴だ。約5億年前のまったく姿かたちのちがう祖先から始まり、一つ一つ特徴を獲得してきたのだ。

歯や顎は、シルル紀には備えていた可能性がある（第2、第3の特徴）。

四肢と指をもち、二つの肺は、デボン紀に獲得されたとみられている（第4〜第9の特徴）。

母胎内で胎児を包む羊膜は、遅くても石炭紀には獲得された（第10、第11の特徴）。

その後、頭骨の側面にそれぞれ一つの穴が開き、脊椎は部位ごとに異なる形となり、四肢は胴体の真下へ伸びるようになった。そして、横隔膜や汗腺、異歯性を備え、性的ディスプレイを始めていた可能性がある（第12〜第18の特徴）。

古生代から中生代へと時代が移りゆく中で、矢状稜が発達。噛む力が強化された。二次口蓋も獲得され、口の中でゆっくりと食べ物を噛むことができるようになった。奥歯が発達し、歯の生えかわりは1度だけという二生歯性も得た。大きな眼窩などが獲得され、それに前後する形で、内温性となり、授乳による子育ても行うようになったとみられている。踵も発達し、歩行性能が増した（第19〜第29の特徴）。

舌骨が発達し、食事がますます〝便利〟になった。聴覚と咀嚼が完全に独立した。臼歯は汎用性の高いトリボスフェニック型となる。眼窩もさらに大きくなり、乳腺も備わった。この頃から、長い妊娠期間と社会性ももつようになった（第30〜第35の特徴）。

中生代が終わり、新生代になると、その進化は加速する。

遅くても新生代のはじまりには胎盤をもつようになった（第36の特徴）。大型化も本格化する（第37の特徴）。大脳新皮質が獲得され、のちの脳の発達の〝礎〟が築かれた（第38の特徴）。両眼は正面を向き、吻部は短くなり、切歯と犬歯が密着するようになった。色覚は3色対応となり、手足の把握能力が向上した（第39〜第46の特徴）。

やがて内部が真っ直ぐで孔が隣り合って下を向く鼻、眼をしっかりと保持する眼窩後壁も得る。前臼歯が2本になり、母指対向性はますます発達した（第47〜第51の特徴）。

そして、尾を失った（第52の特徴）。

人類進化の段になり、犬歯が小さくなり、臼歯は咬頭が低くなり、エナメル質が厚くなる。大

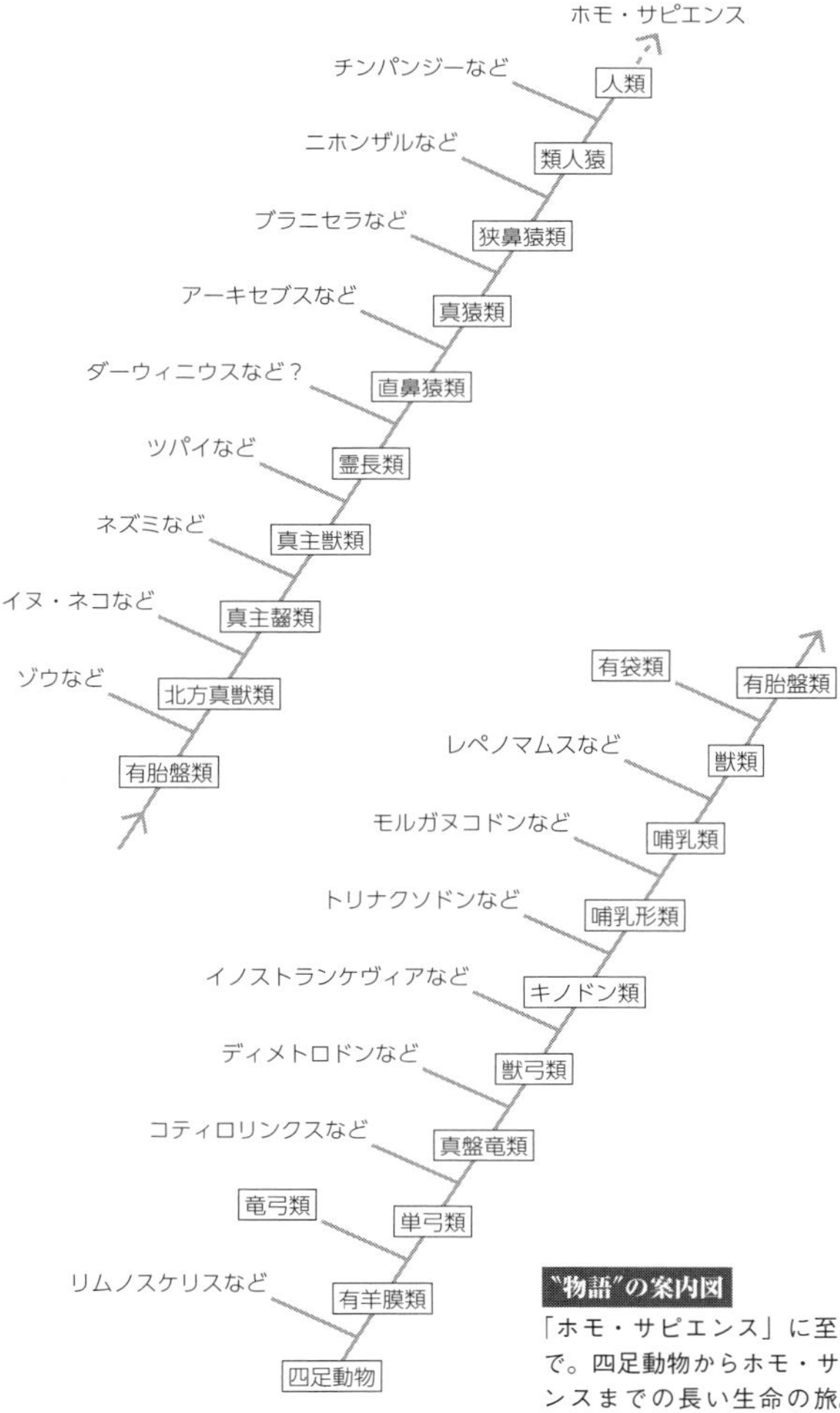

“物語”の案内図

「ホモ・サピエンス」に至るまで。四足動物からホモ・サピエンスまでの長い生命の旅。図版：土屋香

後頭孔が頭蓋骨の下を向くことで、頭部の下に首が配置されるようになり、また、大腿骨は二足歩行時の荷重に耐えられるつくりとなった（第53〜第55の特徴）。

背骨はS字に連なり、腰の骨が横方向に幅広になり、足指の関節が上向きに曲がるようになるなど、着々と〝直立二足歩行化〟が進んでいく（第56〜第58の特徴）。

やがて、足の親指が短くなり、他の4本の指と同じように前を向く。足の把握能力——母指対向性が失われた。そして、踵の骨が厚くなり、土踏まずが形成された。かくして、背筋をピンと伸ばし、膝は前を向き、2本の長い脚ですっくと立って歩くようになった。そして、第3大臼歯が小さくなり始める（第59〜第66の特徴）。

この頃から、脳の容積は急激に増加する。「脳のルビコン」を超えたのだ（第67の特徴）。産道が広くなり、回旋分娩が一般化する（第68の特徴）。長距離歩行能力と、乾燥耐性（第69の特徴）を手に入れて、分布域は世界に広がった。

その過程で、ホモ・ネアンデルターレンシスやデニソワ人などと交雑が進んだ。交雑の中で、ある遺伝子は取り込まれ、ある遺伝子は取り込まれなかった。

多くの人類が姿を消していく中で、ホモ・サピエンスが生き残った要因として、高い繁殖能力（第70の特徴）があった可能性が指摘されている。

ホモ・サピエンスは、今や地球上のあらゆる場所に生息し、個体数は80億を大きく超えている。ここまで〝大きな種〟ともなれば、〝次の進化〟の発生は難しいだろう。遺伝子を取り込む近縁種も今はいない。

この段階に至るまでには長い年月が必要だった。

ホモ・サピエンスの歴史は、やっと31万年である。「前史」の解読は、科学の進歩とともに確実に進んでいるが、「後史」の物語は紡がれてもいない。

系譜の果ては、どこへつながっていくのだろうか？

誰も、その答えを知らない。

おわりに

人類に連なる物語。いかがでしたでしょうか？

生命史を〝ヒトに至る系譜〟という視点で注目し、何を得て、何を失い、何と別れてきたのかを綴る。

ぜひ、次は、博物館でさまざまな動物の化石を見て、あるいは、動物園で多くの動物たちを観察して、私たちとの共通点を見出し、その進化に思いを馳せてみてください。

本書に関する学問領域を挙げるとすれば、それは、古生物学と人類学になるでしょうか。

もちろん、どちらも「科学の一分野」です。

古生物学も人類学も、他の科学分野と同じように、日進月歩で進んでいます。

例えば本書の校了直前、まさにこの「おわりに」の原稿を書いているときに、ホモ・サピエンスが、意外と早期にヨーロッパを北上していたことを示す論文が発表されました。イギリスのユニバーシティ・カレッジ・ロンドンに所属するジェフ・M・スミスさんたちによる分析によると、ホモ・サピエンスは、ドイツ中部に約4万5000年前には到達していたようです。まだ寒冷な時期に、ネアンデルタール人と同じ食料を食べることで、生息域を広げていたとか。寒さよりも、食事を優先させていた暮らしの一端が見える気がします。ホモ・サピエンスの〝耐寒能力〟は、意外と高かったのかもしれません。

本書の中で、多くの「謎」に触れました。こうした謎が、新たな化石の発見や分析機器の進歩に伴う新たなデータ、あるいは、新たな理論によって紐解かれることはよくあります。

一方で、既知の標本にも、まだ誰も気づいていない特徴が隠されていることもあります。その特徴に研究者が気づくことで、新たな仮説が生まれることもあります。その新たな仮説が否定され、従来からの仮説に戻ることも珍しくありません。

この〝日進月歩の変化〟こそが、科学の醍醐味の一つであり、そしてそれは、一つのエンターテインメントであると思います。本書を通じて、みなさんに少しでも「エンターテインメントとしてのサイエンス」の一端を感じていただけましたら、とても嬉しいです。

本書は、〝ヒトに至る系譜〟に注目したため、別れた動物たちにはさほど多くのページを割きませんでした。別れた動物たちにご興味を抱かれた方は、ぜひ、関連書籍を手に取ってみてください。巻末の参考文献一覧にある各書籍は、そんなみなさんの一助になるはずです。

本書は、全編にわたって、国立科学博物館の木村由莉さんにご監修いただきました。木村さん、お忙しい中、本当にありがとうございました。

多くのイラストは、橋爪義弘さんと柳澤秀紀さんの描き下ろし。橋爪さん、柳澤さん、おつかれさまでした。また、標本画像など、お忙しい中、ご対応・ご提供いただきました皆様に、感謝を申し上げます。

妻(土屋香)には、いつものように初稿段階で多くの助言をもらったほか、今回は、作図協力もしてもらっています。我が家の「ローラシア獣類」である長女犬(ラブラドール・レトリバー)と次女犬(シェットランド・シープドッグ)は、原稿執筆に欠かせない存在です。彼女たちの癒しがなければ、凝り固まった私の頭はほぐれず、締め切りを守ることもままならなかったかもしれません(癒しによる気分転換は重要なのです!)。長女犬は、本書の校正段階に入ったときに急性肺炎と後半身麻痺、急性貧血となり、1ヵ月にわたって入院し、その間、何度も〝覚悟〟をしました。しかし今では、まさにこの原稿を書いている後ろで室内を歩き回り、先日は雪遊びをするほどに快復しました。本書原稿の終盤戦を私が(精神的に)乗り切ることができたのは、動物病院のスタッフのみなさんが彼女を親切に診てくださったおかげです。感謝いたします。

編集は、講談社の森定泉さん。森定さんとは、次の一冊も始動しています。ご期待ください。

最後になってしまいましたが、ここまでお読みいただいた、あなたに心からの感謝を。

本書を読んで、少しでも、知的好奇心・知的探究心のワクワクを感じていただけたのでしたら幸いです。

土屋　健

付録 脊椎動物のホモ・サピエンスに至る道

小さなサカナが目を獲得し、顎、脚、指……一つ一つ特徴を獲得し、たどりつくサピエンスまでの長い物語の〝登場人物〟を4ページで見渡してみましょう。

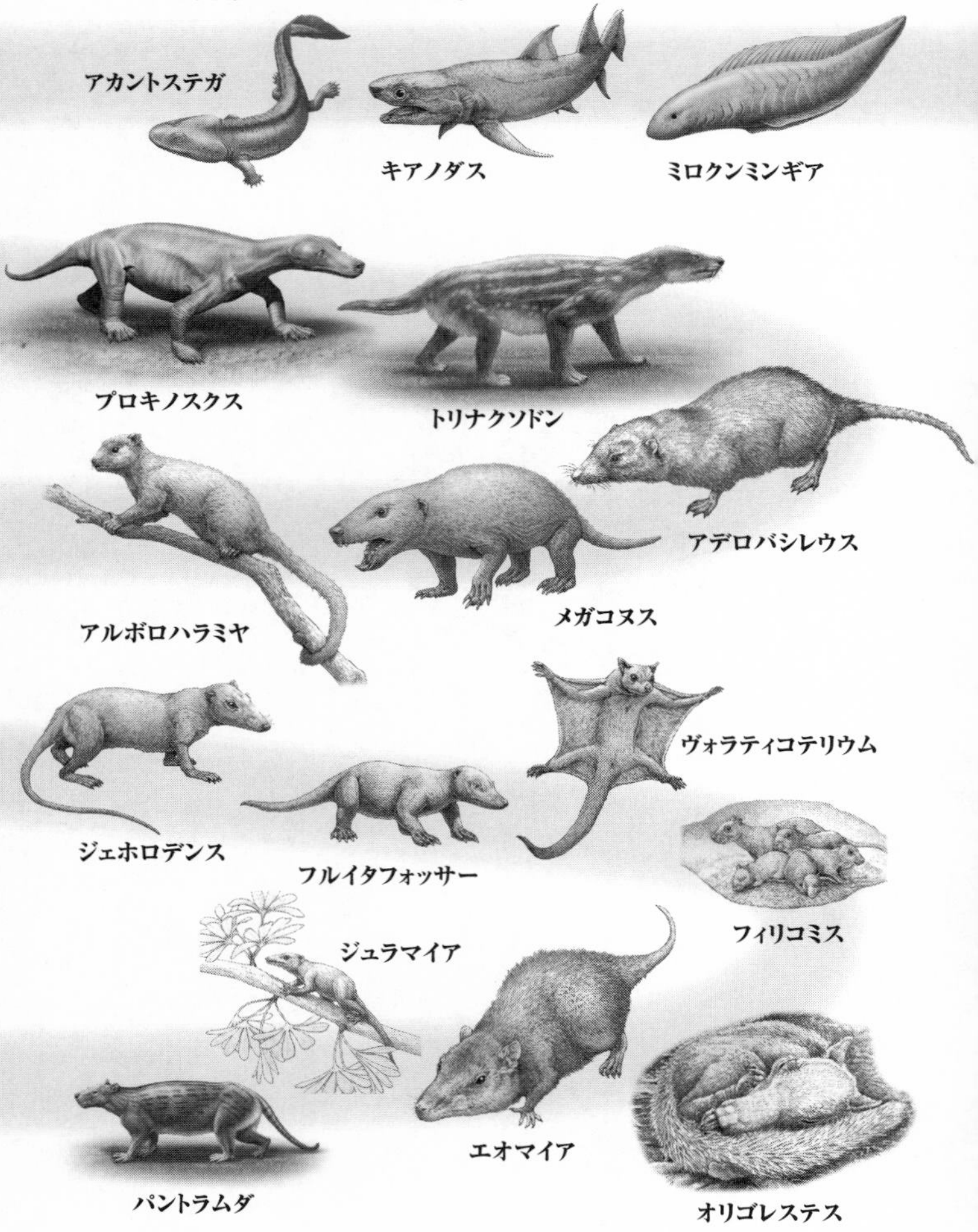

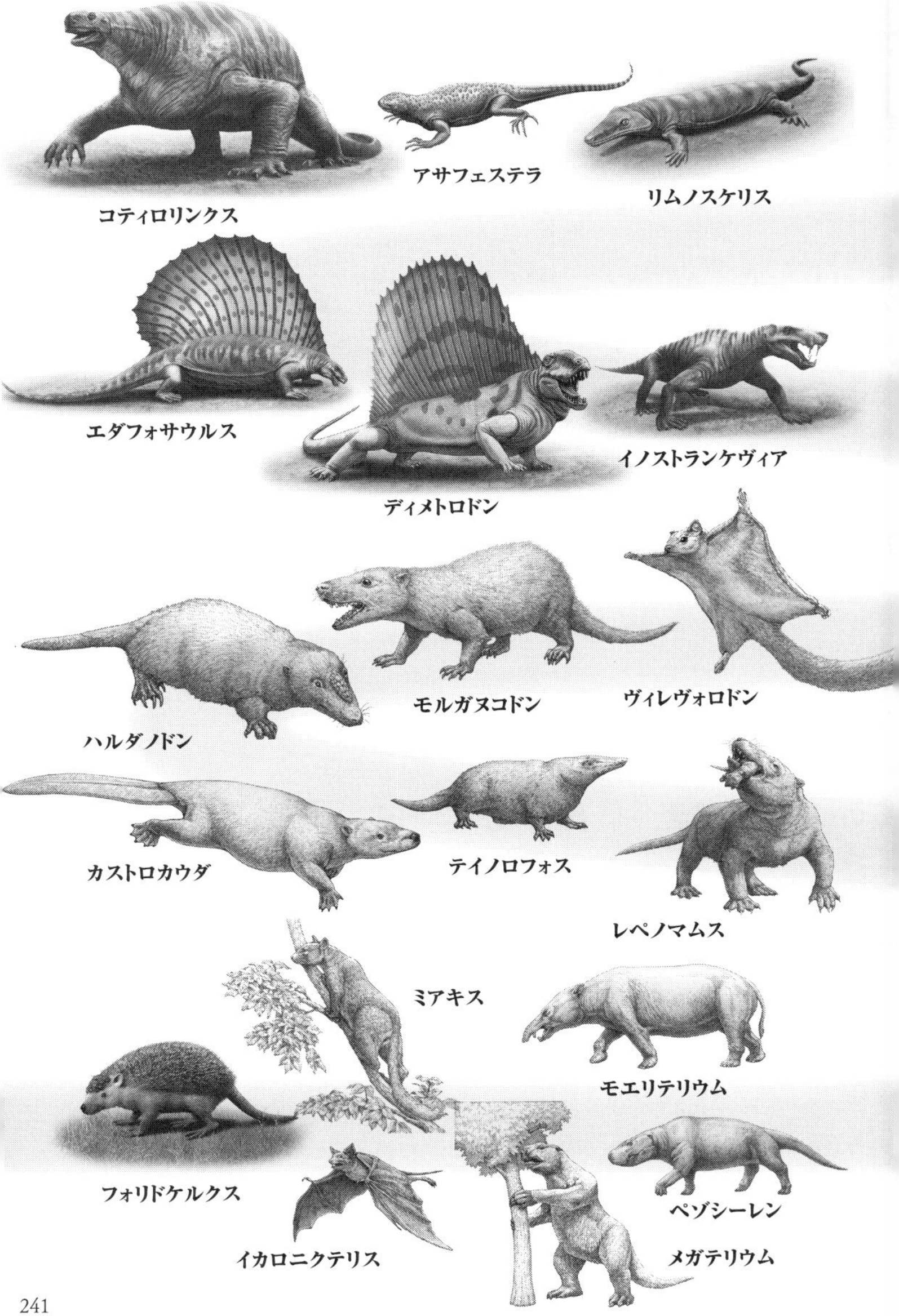
コティロリンクス
アサフェステラ
リムノスケリス
エダフォサウルス
ディメトロドン
イノストランケヴィア
モルガヌコドン
ヴィレヴォロドン
ハルダノドン
カストロカウダ
テイノロフォス
レペノマムス
ミアキス
モエリテリウム
フォリドケルクス
イカロニクテリス
ペゾシーレン
メガテリウム

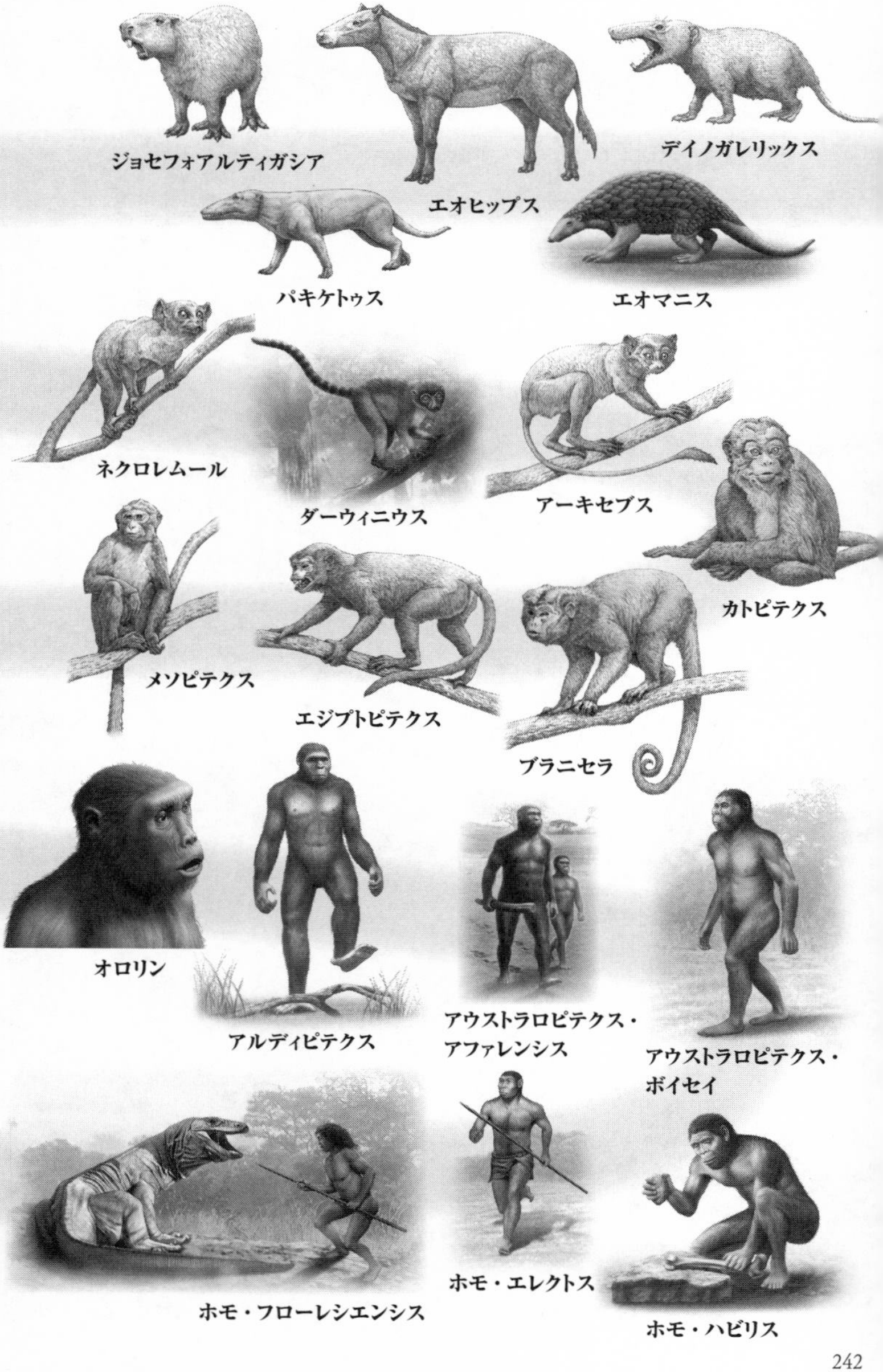
ジョセフォアルティガシア
エオヒップス
デイノガレリックス
パキケトゥス
エオマニス
ネクロレムール
ダーウィニウス
アーキセブス
カトピテクス
メソピテクス
エジプトピテクス
ブラニセラ
オロリン
アルディピテクス
アウストラロピテクス・アファレンシス
アウストラロピテクス・ボイセイ
ホモ・フローレシエンシス
ホモ・エレクトス
ホモ・ハビリス

カルポレステス
プラジオメネ
ヌララグス
プルガトリウス
エオデンドロガレ
テイヤールディナ
アルティアトラシウス
アルタニウス
ノタルクトゥス
オレオピテクス
ドリオピテクス
プロコンスル
シヴァピテクス
ギガントピテクス
チョローラピテクス
デニソワ人
ホモ・サピエンス
ホモ・ハイデル
ベルゲンシス
ホモ・ネアン
デルターレンシス

Ashleigh L. A. Wiseman, 2023, Three-dimensional volumetric muscle reconstruction of the *Australopithecus afarensis* pelvis and limb,with estimations of limb leverage, R. Soc., Open Sci.,10: 230356.https://doi.org/10.1098/rsos.230356

Axel Timmermann, Kyung-Sook Yun, Pasquale Raia, Jiaoyang Ruan, Alessandro Mondanaro, Elke Zeller, Christoph Zollikofer, Marcia Ponce de León, Danielle Lemmon, Matteo Willeit, Andrey Ganopolski, 2022, Climate effects on archaic human habitats and species successions, Nature, vol.604, p495-501

Benjamin Vernot, Joshua M. Akey, 2014, Resurrecting Surviving Neandertal Lineages from Modern Human Genomes, Science, vol.343, p1017-1021

Céline M. Vidal, Christine S. Lane, Asfawossen Asrat, Dan N. Barfod, Darren F. Mark, Emma L. Tomlinson, Amdemichael Zafu Tadesse, Gezahegn Yirgu, Alan Deino, William Hutchison, Aurélien Mounier, Clive Oppenheimer, 2022, Nature, vol.601, p579-583

Christopher R. Scotese, Haijun Song, Benjamin J.W. Mills, Douwe G. van der Meer, 2021, Phanerozoic paleotemperatures: The earth's changing climate during the last 540 million years, Earth-Science Reviews, 215, 103503

Frank Schaebitz, Asfawossen Asrat, Henry F. Lamb, Andrew S. Cohen, Verena Foerster, Walter Duesing, Stefanie Kaboth-Bahr, Stephan Opitz, Finn A. Viehberg, Ralf Vogelsang, Jonathan Dean, Melanie J. Leng, Annett Junginger, Christopher Bronk Ramsey, Melissa S. Chapot, Alan Deino, Christine S. Lane, Helen M. Roberts, Céline Vidal, Ralph Tiedemann, Martin H. Trauth, 2021, Hydroclimate changes in eastern Africa over the past 200,000 years may have influenced early human dispersal, Communications Earth & Environment, 2:123, https://doi.org/10.1038/s43247-021-00195-7

Frido Welker, Jazmín Ramos-Madrigal, Martin Kuhlwilm, Wei Liao, Petra Gutenbrunner, Marc de Manuel, Diana Samodova, Meaghan Mackie, Morten E. Allentoft, Anne-Marie Bacon, Matthew J. Collins, Jürgen Cox, Carles Lalueza-Fox, Jesper V. Olsen, Fabrice Demeter, Wei Wang, Tomas Marques-Bonet, Enrico Cappellini, 2019, Enamel proteome shows that *Gigantopithecus* was an early diverging pongine, Nature, vol.576, p262-265

Frido Welker, Jazmín Ramos-Madrigal, Petra Gutenbrunner, Meaghan Mackie, Shivani Tiwary, Rosa Rakownikow Jersie-Christensen, Cristina Chiva, Marc R. Dickinson, Martin Kuhlwilm, Marc de Manuel, Pere Gelabert, María Martinón-Torres, Ann Margvelashvili, Juan Luis Arsuaga, Eudald Carbonell, Tomas Marques-Bonet, Kirsty Penkman, Eduard Sabidó, Jürgen Cox, Jesper V. Olsen, David Lordkipanidze, Fernando Racimo, Carles Lalueza-Fox, José María Bermúdez de Castro, Eske Willerslev, Enrico Cappellini, 2020, The dental proteome of *Homo antecessor*, Nature, vol.580, p235-238

Gen Suwa, Reiko T. Kono, Shigehiro Katoh, Berhane Asfaw, Yonas Beyene, 2007, A new species of great ape from the late Miocene epoch in Ethiopia, vol.448, p921-924

Jean-Jacques Hublin, Abdelouahed Ben-Ncer, Shara E. Bailey, Sarah E. Freidline, Simon Neubauer, Matthew M. Skinner, Inga Bergmann, Adeline Le Cabec, Stefano Benazzi, Katerina Harvati, Philipp Gunz, 2017, New fossils from Jebel Irhoud, Morocco and the pan-African origin of *Homo sapiens*, Nature, vol.546, p289-292

Jesús Rodríguez, Christian Willmes, Ana Mateos, 2021, Shivering in the Pleistocene. Human adaptations to cold exposure in Western Europe from MIS 14 to MIS 11, Journal of Human Evolution, 153, 102966

Sally McBrearty, Nina G. Jablonski, 2005, First fossil chimpanzee, Nature, vol.437, p105-108

Sergio Almécija, Ashley S. Hammond, Nathan E. Thompson, Kelsey D. Pugh, Salvador Moyà-Solà, David M. Alba, 2021, Fossil apes and human evolution, Science, vol.372, 587, eabb4363

Shigehiro Katoh, Yonas Beyene, Tetsumaru Itaya, Hironobu Hyodo, Masayuki Hyodo, Koshi Yagi, Chitaro Gouzu, Giday WoldeGabriel, William K. Hart, Stanley H. Ambrose, Hideo Nakaya, Raymond L. Bernor, Jean-Renaud Boisserie, Faysal Bibi, Haruo Saegusa, Tomohiko Sasaki, Katsuhiro Sano, Berhane Asfaw, Gen Suwa, 2016, New geological and palaeontological age constraint for the gorilla–human lineage split, Nature, vol.530, p215-218

Sriram Sankararaman, Swapan Mallick, Michael Dannemann, Kay Prüfer, Janet Kelso, Svante Pääbo, Nick Patterson, David Reich, 2014, The genomic landscape of Neandertal ancestry in present-day humans, Nature, vol.507, p354-357

Tesla A. Monson, Andrew P. Weitz, Marianne F. Brasil, Leslea J. Hlusko, 2022, Teeth, prenatal growth rates, and the evolution of human-like pregnancy in later *Homo*, PNAS, vol. 119, no.41, e2200689119

人類の章

《一般書籍》
『新しい霊長類学』編著：京都大学霊長類研究所, 2009年刊行, 講談社
『化石が語るサルの進化・ヒトの誕生』著：高井正成, 中務真人, 2022年刊行, 丸善出版
『ゲノムが語る人類全史』著：アダム・ラザフォード, 2017年刊行, 文藝春秋
『交雑する人類』著：デイヴィッド・ライク, 2018年刊行, NHK出版
『古生物学事典 第2版』編：日本古生物学会, 朝倉書店, 2010年
『古生物学の百科事典』編：日本古生物学会, 2023年刊行, 丸善出版
『人体600万年史〈上〉』著：ダニエル・E・リーバーマン, 2015年刊行, 早川書房
『人類の起源』著：篠田謙一, 2022年刊行, 中央公論新社
『人類の進化 大図鑑』編著：アリス・ロバーツ, 2012年刊行, 河出書房新社
『進化的人間考』長谷川眞理子, 2023年刊行, 東京大学出版会
『新版 絶滅哺乳類図鑑』著：冨田幸光, イラスト：伊藤丙雄, 岡本泰子, 2011年刊行, 丸善
『図解 人類の進化』編著：斎藤成也, 著：海部陽介, 米田 穣, 隅山健太, 2021年刊行, 講談社
『生命と地球の進化アトラスIII』著：イアン・ジェンキンス, 2004年刊行, 朝倉書店
『生命の大進化40億年史 新生代編』監修：群馬県立自然史博物館, 著：土屋 健, 2023年刊行, 講談社
『ネアンデルタール人は私たちと交配した』著：スヴァンテ・ペーボ, 2015年刊行, 文藝春秋
『ヒトはどのように進化してきたか』著：ロバート・ボイド, ジョーン・B・シルク, 2011年刊行, ミネルヴァ書房
『An Ape's View of Human Evolution』著：Peter Andrews, 2016年刊行, Cambridge University Press
『EVOLUTION THE HUMAN STORY 2nd Ed.』著：Dr. Alice Roberts, 2018年刊行, DK
『PROCESSES IN HUMAN EVOLUTION』著：Francisco J. Ayala, Camilo J. Cela-conde, 2017年刊行, Oxford University Press
『The Real Planet of the Apes』著：David R. Begun, 2015年刊行, Princeton University Press

《WEBサイト》
オランウータンの生態と、迫る危機について, 2009年9月14日, WWFジャパン, https://www.wwf.or.jp/activities/basicinfo/3564.html
環境省, https://www.env.go.jp/
THE IUCN RED LIST OF THREATENED SPECIES, https://www.iucnredlist.org/
【京都市動物園だより】ヒトに最も近い動物「チンパンジー」, 2022年9月22日, エコチル, https://www.ecochil.net/article/15644/
厚生労働省, https://www.mhlw.go.jp/
最古のゴリラ祖先化石を含む哺乳類化石群を産出したエチオピアのチョローラ層の年代とその意義に関する論文の出版について, 兵庫県立人と自然の博物館, https://www.hitohaku.jp/research/h-research/gorillahuman.html
少女の両親は、ネアンデルタール人とデニソワ人, 2018年8月24日, National Geographic News, https://natgeo.nikkeibp.co.jp/atcl/news/18/082400372/
絶滅した巨大類人猿、最も近い現存種はオランウータン 遺伝子分析で判明, 2019年11月14日, CNN, https://www.cnn.co.jp/fringe/35145401.html
チンパンジーについて, 京都大学野生動物研究センター熊本サンクチュアリ, https://www.wrc.kyoto-u.ac.jp/kumasan/ja/about_chimp/index.html
デニソワ人が語る人類祖先のクロニクル, natureダイジェスト, https://www.natureasia.com/ja-jp/ndigest/v8/n3#nv
ネアンデルタール人とは、どんなヒトだった？ なぜ絶滅したのか, 2023年3月16日, National Geographic News, https://natgeo.nikkeibp.co.jp/atcl/news/23/031400129/
ネアンデルタール人の暮らし、なんと週単位で判明, 2018年11月2日, National Geographic News, https://natgeo.nikkeibp.co.jp/atcl/news/18/110200476/
脳の世界, 三上章允, http://web2.chubu-gu.ac.jp/web_labo/mikami/brain/index.html
我々の内なるネアンデルタール人, natureダイジェスト, https://www.natureasia.com/ja-jp/ndigest/v11/n4#nw
1000万年前の新種の大型類人猿 *Chororapithecus abyssinicus*, 東京大学総合研究博物館, https://www.um.u-tokyo.ac.jp/people/lab_suwa_nature2007.html

《学術論文など》
Alistair R. Evans, E. Susanne Daly, Kierstin K. Catlett, Kathleen S. Paul, Stephen J. King, Matthew M. Skinner, Hans P. Nesse, Jean-Jacques Hublin, Grant C. Townsend, Gary T. Schwartz, Jukka Jernvall, 2016, A simple rule governs the evolution and development of hominin tooth size, Nature, vol.530, p477-480

《学術論文など》

河村正二, 2021, 色覚多様性の意味について, FBNews, no.536, p1-6

Christopher M. Lowery, Timothy J. Bralower, Jeremy D. Owens, Francisco J. Rodríguez-Tovar, Heather Jones, Jan Smit, Michael T. Whalen, Phillipe Claeys, Kenneth Farley, Sean P. S. Gulick, Joanna V. Morgan, Sophie Green, Elise Chenot, Gail L. Christeson, Charles S. Cockell, Marco J. L. Coolen, Ludovic Ferrière, Catalina Gebhardt, Kazuhisa Goto, David A. Kring, Johanna Lofi, Rubén Ocampo-Torres, Ligia Perez-Cruz, Annemarie E. Pickersgill, Michael H. Poelchau, Auriol S. P. Rae, Cornelia Rasmussen, Mario Rebolledo-Vieyra, Ulrich Riller, Honami Sato, Sonia M. Tikoo, Naotaka Tomioka, Jaime Urrutia-Fucugauchi, Johan Vellekoop, Axel Wittmann, Long Xiao, Kosei E. Yamaguchi, William Zylberman, 2018, Rapid recovery of life at ground zero of the end-Cretaceous mass extinction, vol.558, p288-291

Daisuke H. Tanaka, Ryo Oiwa, Erika Sasaki, Kazunori Nakajima, 2011, Changes in cortical interneuron migration contribute to the evolution of the neocortex, PNAS, vol.108, no.19, p8015-8020

Elwyn L. Simons, D. Tab Rasmussen, 1996, Skull of *Catopithecus browni*, an Early Tertiary Catarrhine, American Journal of Physical Anthropology, vol.100, p261-292

Erik R. Seiffert, Jonathan M. G. Perry, Elwyn L. Simons, Doug M. Boyer, 2009, Convergent evolution of anthropoid-like adaptations in Eocene adapiform primates, vol.461, p1118-1121

Gregory F. Funston, Paige E. dePolo, Jakub T. Sliwinski, Matthew Dumont, Sarah L. Shelley, Laetitia E. Pichevin, Nicola J. Cayzer, John R. Wible, Thomas E. Williamson, James W. B. Rae Stephen L. Brusatte, 2022, The origin of placental mammal life histories, vol.610, p107-111

Gregory P. Wilson Mantilla, Stephen G. B. Chester, William A. Clemens, Jason R. Moore, Courtney J. Sprain, Brody T. Hovatter, William S. Mitchell, Wade W. Mans, Roland Mundil, Paul R. Renne, 2021 Earliest Palaeocene purgatoriids and the initial radiation of stem primates, R. Soc. Open Sci., 8:210050, https://doi.org/10.1098/rsos.210050

Jens L. Franzen, Philip D. Gingerich, Jörg Habersetzer, Jørn H. Hurum, Wighart von Koenigswald, B. Holly Smith, 2009, Complete Primate Skeleton from the Middle Eocene of Messel in Germany: Morphology and Paleobiology. PLoS ONE 4(5): e5723. doi:10.1371/journal.pone.0005723

Mark S. Springer, Nicole M. Foley, Peggy L. Brady, John Gatesy, William J. Murphy, 2019, Evolutionary Models for the Diversification of Placental Mammals Across the KPg Boundary, Frontiers in Genetics, vol.10, Article1241

Masanaru Takai, Federico Anaya, Nobuo Shigehara, Takeshi Setoguchi, 2000, New Fossil Materials of the Earliest New World Monkey, *Branisella boliviana*, and the Problem of Platyrrhine Origins, American Journal of Physical Anthropology, vol.111, p263-281

Neil Brocklehurst, Elsa Panciroli, Gemma Louise Benevento, Roger B.J. Benson, 2021, Mammaliaform extinctions as a driver of the morphological radiation of Cenozoic mammals, Current Biology, vol.31, p2955-2963

Ornella C. Bertrand, Sarah L. Shelley, Thomas E. Williamson, John R. Wible, Stephen G. B. Chester, John J. Flynn, Luke T. Holbrook, Tyler R. Lyson, Jin Meng, Ian M. Miller, Hans P. Püschel, Thierry Smith, Michelle Spaulding, Z. Jack Tseng, Stephen L. Brusatte, 2022, Brawn before brains in placental mammals after the end-Cretaceous extinction, Science, vol.376, p80-85

Thomas J. D. Halliday, Paul Upchurch, Anjali Goswami, 2015, Resolving the relationships of Paleocene placental mammals, Biol. Rev., vol.92, I ssure1, p521-550

Tim B. Rietbergen, Lars W. van den Hoek Ostende, Arvid Aase, Matthew F. Jones, Edward D. Medeiros, Nancy B. Simmons, 2023, The oldest known bat skeletons and their implications for Eocene chiropteran diversification, PLoS ONE, 18(4): e0283505. https://doi.org/10.1371/journal.pone.0283505

T. R. Lyson, I. M. Miller, A. D. Bercovici, K. Weissenburger, A. J. Fuentes, W. C. Clyde, J. W. Hagadorn, M. J. Butrim, K. R. Johnson, R. F. Fleming, R. S. Barclay, S. A. Maccracken, B. Lloyd, G. P. Wilson, D. W. Krause, S. G. B. Chester, 2019, Exceptional continental record of biotic recovery after the Cretaceous–Paleogene mass extinction, Science, vol.366, p977-983

Xijun Ni, Daniel L. Gebo, Marian Dagosto, Jin Meng, Paul Tafforeau, John J. Flynn, K. Christopher Beard, 2013, The oldest known primate skeleton and early haplorhine evolution, Nature, vol.498, p60-64

Xijun Ni, Yuanqing Wang, Yaoming Hu, Chuankui Li, 2004, A euprimate skull from the early Eocene of China, Nature, vo.427, p65-68

Timothy Rowe, Thomas H. Rich, Patricia Vickers-Rich, Mark Springer, Michael O. Woodburne, 2007, The oldest platypus and its bearing on divergence timing of the platypus and echidna clades, PNAS, vol.105, no.4, p1238-1242
Tomohiro Harano, Masakazu Asahara, 2023. Revisiting the evolutionary trend toward the mammalian lower jaw in non-mammalian synapsids in a phylogenetic context, PeerJ, 11:e15575, https://doi.org/10.7717/peerj.15575
Xiaoting Zheng, Shundong Bi, Xiaoli Wang, Jin Meng, 2013, A new arboreal haramiyid shows the diversity of crown mammals in the Jurassic period, Nature, vol.500, p199-202
Yang Zhou, Linda Shearwin-Whyatt, Jing Li, Zhenzhen Song, Takashi Hayakawa, David Stevens, Jane C. Fenelon, Emma Peel, Yuanyuan Cheng, Filip Pajpach, Natasha Bradley, Hikoyu Suzuki, Masato Nikaido, Joana Damas, Tasman Daish, Tahlia Perry, Zexian Zhu, Yuncong Geng, Arang Rhie, Ying Sims, Jonathan Wood, Bettina Haase, Jacquelyn Mountcastle, Olivier Fedrigo, Qiye Li, Huanming Yang, Jian Wang, Stephen D. Johnston, Adam M. Phillippy, Kerstin Howe, Erich D. Jarvis, Oliver A. Ryder, Henrik Kaessmann, Peter Donnelly, Jonas Korlach, Harris A. Lewin, Jennifer Graves, Katherine Belov, Marilyn B. Renfree, Frank Grutzner, Qi Zhou, Guojie Zhang, 2021, Platypus and echidna genomes reveal mammalian biology and evolution, Nature, vol.592, p756-762
Zhe-Xi Luo, Chong-Xi Yuan, Qing-Jin Meng, Qiang Ji, 2011, A Jurassic eutherian mammal and divergence of marsupials and placentals, Nature, vol.476, p442-445

躍進の章

《一般書籍》
『化石が語るサルの進化・ヒトの誕生』著：高井正成，中務真人, 2022年刊行，丸善出版
『恐竜・古生物に聞く 第６の大絶滅、君たち(人類)はどう生きる？』監修：芝原暁彦，著：土屋 健, 絵：ツク之助, 2021年刊行，イースト・プレス
『講談社の動く図鑑MOVE[新訂版] 動物』監修：山極寿一, 2015年刊行，講談社
『古生物学の百科事典』編：日本古生物学会, 2023年刊行，丸善出版
『古第三紀・新第三紀・第四紀の生物　上巻』監修：群馬県立自然史博物館，著：土屋健, 2016年刊行, 技術評論社
『サルは大西洋を渡った』著：アラン・デケイロス, 2017年刊行，みすず書房
『小学館の図鑑ＮＥＯ[新版] 動物』監修：吉岡 基，室山泰之，北垣憲仁，指導・執筆：三浦慎悟，成島悦雄，伊澤雅子，画：田中豊美ほか, 2014年刊行，小学館
『新版 絶滅哺乳類図鑑』著：冨田幸光，イラスト：伊藤丙雄，岡本泰子, 2011年刊行，丸善
『生命の大進化40億年史 新生代編』監修：群馬県立自然史博物館，著：土屋 健, 2023年刊行，講談社
『地球生命 水際の興亡史』監修：松本涼子，小林快次，田中嘉寛，著：土屋 健，イラスト：かわさきしゅんいち, 2021年刊行，技術評論社
《雑誌記事》
脳の進化は細胞の動きがカギ？，協力：田中大介，仲嶋一範，執筆：松田壮一郎, Newton, 2011年8月号，ニュートンプレス
《プレスリリース》
チンパンジーは「三にして立つ？」, 2017年3月31日，総合地球環境学研究所，京都大学
《WEBサイト》
加西市, https://www.city.kasai.hyogo.jp/
慶応大、大脳新皮質を哺乳類が進化の過程で獲得した仕組みの一端を解明, 2011年4月29日，マイナビニュース, https://news.mynavi.jp/techplus/article/20110429-a007/
京都大学野生動物研究センター熊本サンクチュアリ, https://www.wrc.kyoto-u.ac.jp/kumasan/index.html
厚生労働省, https://www.mhlw.go.jp/
最古の霊長類の全身骨格化石が発見された！－中国で発見されたメガネザルの仲間の化石, 2013年7月18日，国立科学博物館 ホットニュース, https://www.kahaku.go.jp/userguide/hotnews/theme.php?id=0001374732484294
DEER INFO, https://deerinfo.pro/
Mammals put brawn before brains after dinosaurs died out, The University of Edinburgh News, 2022年4月1日, https://www.ed.ac.uk/news/2022/mammals-put-brawn-before-brains-after-dinosaurs
Oldest-known ancestor of modern primates may have come from North America, not Asia, Natalie van Hoose, Nov.29, 2018, FLORIDA MUSEUM, https://www.floridamuseum.ufl.edu/science/oldest-primates-north-america/

Hum. Genet., 11, p219-238
Christopher R. Scotese, Haijun Song, Benjamin J.W. Mills, Douwe G. van der Meer, 2021, Phanerozoic paleotemperatures: The earth's changing climate during the last 540 million years, Earth-Science Reviews, 215, 103503
David M. Grossnickle, P. David Polly, 2013, Mammal disparity decreases during the Cretaceous angiosperm radiation, Proc R Soc B, 280: 20132110, http://dx.doi.org/10.1098/rspb.2013.2110
Emily Carlisle, Christine M. Janis, Davide Pisani, Philip C.J. Donoghue, Daniele Silvestro, 2023, A timescale for placental mammal diversification based on Bayesian modeling of the fossil record, Current Biology, 33, P3073-3082
Fangyuan Mao, Yaoming Hu, Chuankui Li, Yuanqing Wang, Morgan Hill Chase, Andrew K. Smith, Jin Meng, 2020, Integrated hearing and chewing modules decoupled in a Cretaceous stem therian mammal, Science, vol.367. p305-308
Gang Han, Jordan C. Mallon, Aaron J. Lussier, Xiao-Chun Wu, Robert Mitchell, Ling-Ji Li, 2023, An extraordinary fossil captures the struggle for existence during the Mesozoic, Scientific Reports, 13, 11221, https://doi.org/10.1038/s41598-023-37545-8
Gregory P. Wilson, 2005, Mammalian Faunal Dynamics During the Last 1.8 Million Years of the Cretaceous in Garfield County, Montana, Journal of Mammalian Evolution, vol.12, nos.1/2, p53-76
Gregory P. Wilson, 2013, Mammals across the K/Pg boundary in northeastern Montana, U.S.A.: dental morphology and body-size patterns reveal extinction selectivity and immigrant-fueled ecospace filling, Paleobiology, 39(3), p429-469
Junyou Wang, John R. Wible, Bin Guo, Sarah L. Shelley, Han Hu, Shundong Bi, 2021, A monotreme-like auditory apparatus in a Middle Jurassic haramiyidan, Nature, vol.590, p279-283
Lucas N. Weaver, David J. Varricchio, Eric J. Sargis, Meng Chen, William J. Freimuth, Gregory P. Wilson Mantilla, 2020, Early mammalian social behaviour revealed by multituberculates from a dinosaur nesting site, Nat. Ecol. Evol. 5, p32-37, https://doi.org/10.1038/s41559-020-01325-8
Lucas N. Weaver, Henry Z. Fulghum, David M. Grossnickle, William H. Brightly, Zoe T. Kulik, Gregory P. Wilson Mantilla, Megan R. Whitney, 2022, Multituberculate Mammals Show Evidence of a Life History Strategy Similar to That of Placentals, Not Marsupials, The American Naturalist, vol.200, no.3, p383-400
Ricardo Araújo, Romain David, Julien Benoit, Jacqueline K. Lungmus, Fred Spoor, Alexander Stoessel, Paul M. Barrett, Jessica A. Maisano, Eric Ekdale, Maëva Orliac, Zhe-Xi Luo, Agustín G. Martinelli, Eva A. Hoffman, Christian A. Sidor, Rui M. S. Martins, Kenneth D. Angielczyk, 2022, Inner ear biomechanics reveals Late Triassic origin for mammalian endothermy, Nature, vol.607, p726-731
Sergio F. Cabreira, Cesar L. Schultz, Lúcio R. da Silva, Luiz Henrique Puricelli Lora, Cristiane Pakulski, Rodrigo C. B. do Rêgo, Marina B. Soares, Moya Meredith Smith, Martha Richter, 2022, Diphyodont tooth replacement of *Brasilodon*—A Late Triassic eucynodont that challenges the time of origin of mammals, Journal of Anatomy, 241, 1424-1440. https://doi.org/10.1111/joa.13756
Shundong Bi, Xiaoting Zheng, Xiaoli Wang, Natalie E. Cignetti, Shiling Yang, John R. Wible, 2018, An Early Cretaceous eutherian and the placental–marsupial dichotomy, Nature, vol.558, p390-395
Spencer M. Hellert, David M. Grossnickle, Graeme T. Lloyd, Christian F. Kammerer, Kenneth D. Angielczyk, 2023, Derived faunivores are the forerunners of major synapsid radiations, Nature Ecology & Evolution, vol. 7, p1903-1913
Stephan Lautenschlager, Pamela G. Gill, Zhe-Xi Luo, Michael J. Fagan, Emily J. Rayfield, 2018, The role of miniaturization in the evolution of the mammalian jaw and middle ear, Nature, vol.561, p533-537
Steven M. Stanley, 2016, Estimates of the magnitudes of major marine mass extinctions in earth history, PNAS, 113 (42), E6325-E6334, https://doi.org/10.1073/pnas.1613094113
Thomas Martin, 2005, Postcranial anatomy of *Haldanodon exspectatus* (Mammalia, Docodonta) from the Late Jurassic (Kimmeridgian) of Portugal and its bearing for mammalian evolution, Zoological Journal of the Linnean Society, vol.145, p219-248
Thomas Martin, Kai R. K. Jäger, Thorsten Plogschties, Achim H. Schwermann, Janka J. Brinkkötter, Julia A. Schultz, 2020, Molar diversity and functional adaptations in Mesozoic mammals, Mammalian Teeth – Form and Function, p187-214

Markus Lambertz, Christen D. Shelton, Frederik Spindler, Steven F. Perry, 2016, A caseian point for the evolution of a diaphragm homologue among the earliest synapsids, Ann. N.Y. Acad. Sci., https://doi.org/10.1111/nyas.13264
Neil Brocklehurst, Robert R. Reisz, Vincent Fernandez, Jörg Fröbisch, 2016, A Re-Description of '*Mycterosaurus' smithae,* an Early Permian Eothyridid, and Its Impact on the Phylogeny of Pelycosaurian-Grade Synapsids, PLoS ONE, 11(6), e0156810, doi:10.1371/journal.pone.0156810
Olav T. Oftedal, 2002, The Mammary Gland and Its Origin During Synapsid Evolution, Journal of Mammary Gland Biology and Neoplasia, vol.7, p225-252
P. J. Bishop, L. A. Norton, S. Jirah, M. O. Day, B. S. Rubidge, S. E. Pierce, 2022, Enigmatic humerus from the mid-Permian of South Africa bridges the anatomical gap between "pelycosaurs" and therapsids, Journal of Vertebrate Paleontology, 42:3, e2170805, DOI: 10.1080/02724634.2023.2170805
Plamen S. Andreev, Ivan J. Sansom, Qiang Li, Wenjin Zhao, Jianhua Wang, Chun-Chieh Wang, Lijian Peng, Liantao Jia, Tuo Qiao, Min Zhu, 2022, The oldest gnathostome teeth, Nature, vl.609, p964-968
Roger Smith, Jennifer Botha, 2005, The recovery of terrestrial vertebrate diversity in the South African Karoo Basin after the end-Permian extinction, C. R. Palevol, 4, p623-636
Steven M. Stanley, 2016, Estimates of the magnitudes of major marine mass extinctions in earth history, PNAS, 113 (42), E6325-E6334, https://doi.org/10.1073/pnas.1613094113

雌伏の章

《一般書籍》
『カモノハシの博物誌』著：浅原正和、2020年刊行, 技術評論社
『古生物学事典　第2版』編：日本古生物学会, 2010年刊行, 朝倉書店
『古生物学の百科事典』編：日本古生物学会, 2023年刊行, 丸善出版
『新版 絶滅哺乳類図鑑』著：冨田幸光, イラスト：伊藤丙雄, 岡本泰子, 2011年刊行, 丸善株式会社
『ジュラ紀の生物』監修：群馬県立自然史博物館, 著：土屋健、2015年刊行, 技術評論社
『小学館の図鑑ＮＥＯ[新版] 動物』監修：吉岡 基, 室山泰之, 北垣憲仁, 指導・執筆：三浦慎悟, 成島悦雄, 伊澤雅子, 画：田中豊美ほか, 2014年刊行, 小学館
『生命の大進化40億年史 中生代編』監修：群馬県立自然史博物館, 著：土屋 健, 2023年刊行, 講談社
『前恐竜時代』監修：佐野市葛生化石館, 著：土屋 健, 2022年刊行, ブックマン社
『白亜紀の生物　上巻』監修：群馬県立自然史博物館, 著：土屋健, 2015年刊行, 技術評論社
『歯の比較解剖学 第2版』編：後藤仁敏, 大泰司紀之, 田畑純, 花村肇, 佐藤巌, 著：石山巳喜夫, 伊藤徹魯, 犬塚則久, 大泰司紀之, 後藤仁敏, 駒田格知, 笹川一郎, 佐藤巌, 茂原信生, 瀬戸口烈司, 田畑純, 花村肇, 前田喜四雄, 2014年刊行, 医歯薬出版
『哺乳類前史』著：エルサ・パンチローリ, 2022年刊行, 青土社
『VERTEBRATE PALAEONTOLOGY 4th Edition』著：Michael J. Benton, 2014年刊行, WILEY Blackwell
《プレスリリース》
カモノハシとハリモグラの全ゲノム解読に成功！, 2021年1月19日, 北海道大学, 東京工業大学, 日本モンキーセンター
The size of mammal ancestors' ear canals reveal when warm-bloodedness evolved, 2022年7月19日, Field Museum
《WEBサイト》
New study challenges old views on what's 'primitive' in mammalian reproduction, UW NEWS, 2022年7月25日, https://www.washington.edu/news/2022/07/25/primitive-mammal-reproduction/
《学術論文など》
山中淳之, 2011, 哺乳類の歯列の異形歯性と二生歯性の発生メカニズム, 鹿児島大学歯学部紀要, vol.31, p71-80
Chang-Fu Zhou, Bhart-Anjan S. Bhullar, April I. Neander, Thomas Martin, Zhe-Xi Luo, 2019, New Jurassic mammaliaform sheds light on early evolution of mammal-like hyoid bones, Science , vol.365, p276-279
Chang-Fu Zhou, Shaoyuan Wu, Thomas Martin, Zhe-Xi Luo, 2013, A Jurassic mammaliaform and the earliest mammalian evolutionary adaptations, Nature, vol.500, p163-167
Christophe M. Lefèvre, Julie A. Sharp, Kevin R. Nicholas, 2010, Evolution of Lactation: Ancient Origin and Extreme Adaptations of the Lactation System, Annu. Rev. Genomics

もっと詳しく知りたい読者のための参考資料

本書を執筆するにあたり、とくに参考にした主要な文献は次の通り。なお、邦訳があるものに関しては、一般に入手しやすい邦訳版をあげた。また、WEBサイトに関しては、専門の研究機関もしくは研究者、それに類する組織・個人が運営しているものを参考とした。WEBサイトの情報は、あくまでも執筆時点での参考情報であることに注意。

※本書に登場する年代値は、とくに断りのないかぎり、International Commission on Stratigraphy, 2023/09, INTERNATIONAL CHRONOSTRATIGRAPHIC CHARTを使用している。

※本文中で紹介されている論文等の執筆者の所属は、とくに言及がない限り、その論文の発表時点のものであり、必ずしも現在の所属ではない点に注意されたい。

序章

《一般書籍》

『海洋生命5億年史』監修：田中源吾，冨田武照，小西卓哉，田中嘉寛，著：土屋 健, 2018年刊行，文藝春秋

『旧約聖書 創世記』1967年刊行，岩波書店

『古生物たちのふしぎな世界』協力：田中源吾, 著：土屋 健, 2017年刊行，講談社

『生命の大進化40億年史 古生代編』監修：群馬県立自然史博物館，著：土屋 健, 2022年刊行，講談社

黎明の章

《一般書籍》

『機能獲得の進化史』監修：群馬県立自然史博物館，著：土屋 健, 2021年刊行，みすず書房

『恋する化石』監修：千葉謙太郎，田中康平，前田晴良，冨田武照，木村由莉，神谷隆宏，著：土屋 健，絵：ツク之助, 2021年刊行，ブックマン社

『古生物学の百科事典』編：日本古生物学会, 2023年刊行，丸善出版

『生命と地球の進化アトラスⅠ』著：リチャード・T・J・ムーディ，アンドレイ・ユウ・ジュラヴリョフ, 2003年刊行，朝倉書店

『生命と地球の進化アトラスⅡ』著：ドゥーガル・ディクソン, 2003年刊行，朝倉書店

『生命の大進化40億年史 古生代編』監修：群馬県立自然史博物館，著：土屋 健, 2022年刊行，講談社

『前恐竜時代』監修：佐野市葛生化石館，著：土屋 健, 2022年刊行，ブックマン社

『地球生命 水際の興亡史』監修：松本涼子，小林快次，田中嘉寛, 2021年刊行，技術評論社

『哺乳類前史』著：エルサ・パンチローリ, 2022年刊行，青土社

『VERTEBRATE PALAEONTOLOGY 4th Edition』著：Michael J. Benton, 2014年刊行, WILEY Blackwell

《WEBサイト》

MSDマニュアル家庭版, https://www.msdmanuals.com/ja-jp

《プレスリリース》

脊椎動物の水から陸への進出にともなう肺の進化を世界で初めて解明，東京慈恵会医科大学，東京大学大学院理学系研究科，北九州市立自然史・歴史博物館，リオデジャネイロ州立大学, 2022年8月25日

《学術論文など》

Arjan Mann, Bryan M. Gee, Jason D. Pardo, David Marjanović, Gabrielle R. Adams, Ami S. Calthorpe, Hillary C. Maddin, Jason S. Anderson, 2020, Reassessment of historic 'microsaurs' from Joggins, Nova Scotia, reveals hidden diversity in the earliest amniote ecosystem, Papers in Palaeontology, p605-625

Camila Cupello, Tatsuya Hirasawa, Norifumi Tatsumi, Yoshitaka Yabumoto, Pierre Gueriau, Sumio Isogai, Ryoko Matsumoto, Toshiro Saruwatari, Andrew King, Masato Hoshino, Kentaro Uesugi, Masataka Okabe, Paulo M. Brito, 2022, Lung evolution in vertebrates and the water-to-land transition, eLife, 11:e77156, DOI: https:// doi.org/10.7554/eLife. 77156

Christian F. Kammerer, Pia A. Viglietti, Elize Butler, Jennifer Botha, 2023, Rapid turnover of top predators in African terrestrial faunas around the Permian-Triassic mass extinction, Current Biology, 33, p2283-2290

Joseph L. Tomkins, Natasha R. LeBas, Mark P. Witton, David M. Martill, Stuart Humphries, 2010, Positive Allometry and the Prehistory of Sexual Selection, The American Naturalist, vol.176, no.2, p141-148

K. E. Jones, K. D. Angielczyk, P. D. Polly, J. J. Head, V. Fernandez, J. K. Lungmus, S. Tulga, S. E. Pierce, 2018, Fossils reveal the complex evolutionary history of the mammalian regionalized spine, Science, vol.361, p1249-1252

【ら行】

【な行】

【は行】

【ま行】

【か行】

【さ行】

【た行】

索引

【あ行】

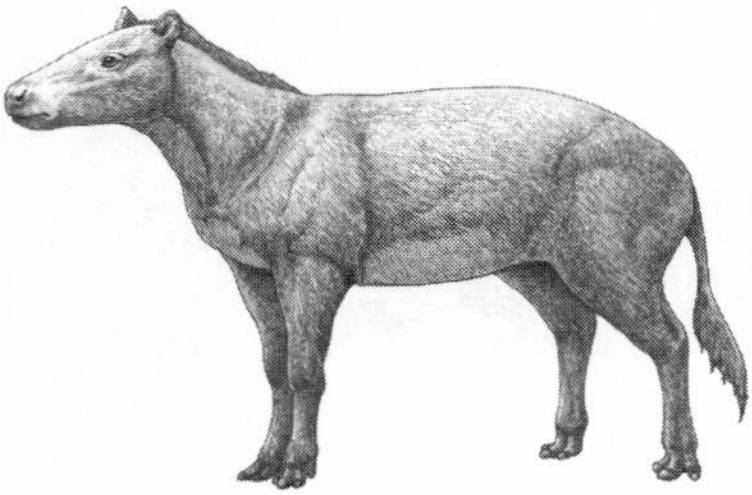

N.D.C.457　254p　18cm

ブルーバックス　B-2255

サピエンス前《ぜん》史《し》
脊椎動物の進化から人類に至る5億年の物語

2024年 3月20日　第 1 刷発行
2024年 5月22日　第 2 刷発行

著者　土屋《つちや》　健《けん》
監修者　木《き》村《むら》由《ゆ》莉《り》
発行者　森田浩章
発行所　株式会社講談社
〒112-8001　東京都文京区音羽2-12-21
電話　出版　03-5395-3524
販売　03-5395-4415
業務　03-5395-3615
印刷所　（本文印刷）株式会社新藤慶昌堂
（カバー表紙印刷）信毎書籍印刷株式会社
製本所　株式会社国宝社

定価はカバーに表示してあります。

ISBN978－4－06－535250－2

発刊のことば

科学をあなたのポケットに

二十世紀最大の特色は、それが科学時代であるということです。科学は日に日に進歩を続け、止まるところを知りません。ひと昔前の夢物語もどんどん現実化しており、今やわれわれの生活のすべてが、科学によってゆり動かされているといっても過言ではないでしょう。

そのような背景を考えれば、学者や学生はもちろん、産業人も、セールスマンも、ジャーナリストも、家庭の主婦も、みんなが科学を知らなければ、時代の流れに逆らうことになるでしょう。

ブルーバックス発刊の意義と必然性はそこにあります。このシリーズは、読む人に科学的に物を考える習慣と、科学的に物を見る目を養っていただくことを最大の目標にしています。そのためには、単に原理や法則の解説に終始するのではなくて、政治や経済など、社会科学や人文科学にも関連させて、広い視野から問題を追究していきます。科学はむずかしいという先入観を改める表現と構成、それも類書にないブルーバックスの特色であると信じます。

一九六三年九月

野間省一